最後的笑顏

莎喲娜啦，讓我們笑著說再見

前言

我和她的相遇，是在陸前高田市的太平間。在那裡，我初次清楚瞭解到，三一一東日本大地震究竟造成了什麼。鋪滿藍色大塑膠布的地板上，只見那小小的、小小的身軀孤伶伶地夾雜在成年人的遺體中，那景象深深刺痛我的心。

地震後第九天。她是三歲左右的可愛女孩。我很想替那完全變了模樣的外觀做些什麼，一定能夠將她修復成原本可愛、討喜的樣貌，因為我擁有那種技術。

然而，我不能那麼做，因為她身分不明。法律的高牆阻擋在我眼前。回想起來，當時的悔恨是一切的開端。

岩手縣北上市是日本東北屈指可數的賞櫻聖地。北上川兩側道路綿延數公里的櫻花樹，在盛開的四月底開放路人賞櫻，熱鬧非凡。那櫻花真是美不勝收，就連在北上住了五年的我，每年都會期待花季到來，舉家賞櫻。

然而，那一年。

二〇一一年春季，我的心並未飄向北上的櫻花。因為我幾乎都待在慘遭東日本大地震摧殘的沿岸災區。

我的職業是納棺師。在替亡者送行的現場，讓故人恢復安詳的表情，替大體淨身，穿上壽衣，置入棺木內。

二〇〇八年榮獲美國奧斯卡金像獎最佳外語片、引起熱烈討論的電影——《送行者：禮儀師的樂章》，也讓納棺師一詞廣為人知。電影裡有讓家屬在旁觀禮的入殮場景，我在二〇〇七年十一月成立自己的公司時，則於岩手縣創立了全新的入殮方法。

那並非讓家屬在旁觀禮，而是一邊聆聽他們的要求，一起進行入殮的「參與型入殮」。例如請家屬幫忙淨身、與孩子或孫子一起替亡者化妝、一起更衣。

之所以想出這種方法，是因為它能幫助家屬面對親人的死亡。我認為這種參與型入殮，有助人們在紛亂的情緒中，將摯愛之死接納為人生中的重要里程碑。

死亡當然是極其悲傷之事，任何言語都無法化解那份悲傷。對於深陷悲傷者，我說不出任何中聽的話語；我能做的，就是傾聽悲傷。

讓遺族接納死亡的事實。為此，我的一貫堅持就是「修復」。我有時也會稱自己的職稱是「修復納棺師」。無論遺體是何種狀態，我都要將臉孔恢復成與生前相同的表情，並且盡可能面帶微笑。與生前相異之處，例如解除肌肉僵硬、改變臉部顏色或光澤、防止異味擴散等等。若是因為交通事故等造成遺體損傷，我也會利用各種技術，使之復原。

如此修復完成後，家屬瞻仰遺體時，不少人會詫異落淚道：「恢復原狀了！」身體扭曲、神情痛苦、臉孔變成生前無法想像的顏色、散發異味的時候，家屬就無法好好面對故人；然而，透過大體修復，他們就能接受事實、接納死亡。記住亡者最後那張美好面容，共享回憶。若能如此，現場氛圍自然能使人暢懷歡笑。我認為這才是往生者亦能感到開心的送別方式。

二〇一一年三月襲擊日本的東日本大地震，無法進行這種送別的情況持續不斷。摯愛驟然被死神帶走，家屬被迫目睹那慘遭海嘯吞噬、嚴重損壞，而且是地震後過了數天、數十天的故人遺體，不得不與大量罹難者告別。聽說其中亦有不少人由於太過震驚，甚至沒有瞻仰遺體就送走了往生者。

對於向來極度重視「家屬好好面對死亡的場合、與摯愛告別的場合」的我來說，實在難以接受這種情況。有沒有我可以做的事情呢？我能不能替家屬，甚至於往生者盡一點力？基於這個念頭，我開始尋訪各個災區的太平間，擔任大體修復義工。

有時會花上三、四個鐘頭。即使如此，完成修復時，聽到家屬欣喜地說：「謝謝。」就是我的所有原動力。

我只修復了三百多具大體。話雖如此，也已將迄今習得的技術傾注於修復任務上。不久，人們從新聞或電視得知我的故事，全國各地的鼓勵紛至沓來，令我開心極了。

有人說，地震或許改變了日本人面對死亡的方式。那麼，我們應該如何面對死亡呢？一方面也為了答謝各位的聲援，當出版社問我何不把過去的體驗和想法寫成書時，便有了本書的誕生。

死亡是什麼？死亡現場會發生什麼？我在送行現場感覺到什麼？傳達了什麼？請恕我冒昧撰寫這些內容。

人終有一死，這是誰都無法逃避的。是故，明確理解死亡，感受它就在我們身邊其實極為重要。所謂欲知生者，必先知死。我是這麼相信的。

Chapter 1
正因為是無可取代的瞬間

Chapter 2
肉體滅亡這件事

Chapter 3

送行現場

Chapter 4

天使們

Chapter 5

最後的話語

Chapter 6

那一天 3・11

Chapter 7

大體修復義工

Chapter 8

各界援助

Chapter 1

正因為是
無可取代的瞬間

・好高、好高～～・

我非常重視每一次的入殮現場。因為每一場告別，都是無可取代的。剛成立自己的公司時，對於傾聽家屬心聲、共同面對死亡、使其接納死亡的個人風格還不太有自信。至今仍記得當時，護士友人告訴我的這個故事，讓我興起「就這麼做沒錯！」的感覺，用力推了我一把。

友人在護士學校的同屆同學，結婚數年後，才二十多歲就香消玉殞。而且過世時即將臨盆，就這麼帶著肚子裡的嬰兒，去了另一個世界。

喪禮上，她先生自不待言，她父親的憔悴模樣據說也教人目不忍睹。就在那種情況下，禮儀公司的新手負責人與家屬討論殯葬事宜時，只見老先生低著頭，一字一句地開始講述。

她是獨生女。他對女兒結婚感到很開心。得知懷孕時，雖然沒有告訴女兒，但他得意忘形地幾乎跳了起來。他是打從心底期待第一個外孫的誕生。

「一次也好，我真想抱抱外孫……」

老先生流淚訴說的模樣，感動了禮儀公司的負責人。那時，負責人有了一個想法。

喪禮結束，遺體送往火化場。骨骸從火化爐推出來時，眾人驚呼出聲。因為在亡者肚子的位置，蜷縮著一個可愛的小嬰兒骨骸。許多身穿喪服的觀禮者，再度沉浸於哀傷中。就在此時，負責人輕聲對老先生說：

「請將您的外孫裝進這個骨灰罈吧。」

那是負責人特別準備的小型骨灰罈。

「這個小骨灰罈是我送您的禮物，請您緊緊抱住外孫吧。」

他請火化場的工作人員把一部分的骨骸放進骨灰罈，然後交給老先生，說：「外公，這給您。」「外公」疼惜地接過那小骨灰罈，一面流淚道謝，同時一直、一直緊抱著。

就在下一瞬間，發生了連負責人也沒預料到的事情。「外公」突然毫不遲疑地將骨灰罈舉到半空。

「喏～～好高、好高～～好高、好高～～好高、好高……」

現場所有人都忍不住拭淚，聽說負責人也哭了出來。就連火化場的工作人員都不禁低下頭去。

可是，我是這麼想的……這位「外公」應該是以最棒的形式跟女兒告別，並將第一個外孫送往天國吧；他或許是將悲傷轉化成珍貴回憶，才終於能說了再見。

我們的工作潛藏著這種力量，我有這種確信。正因如此，才必須全力面對每一次的入殮。這個故事堅定了我的信念。

這種想法，至今依然不變。

・不是創造，而是修復・

為了將那些與亡者共度的日子變成珍貴回憶、為了使家屬記住亡者最美好的面容，我非常堅持的是盡量讓亡者接近生前的模樣，包括表情，都要恢復到能讓家屬說：「這就是那個人！」

人一死，就會隨時間出現變化，那是無可奈何之事；然而，對家屬來說，亦是難以忍受之事。例如嘴巴張得開開的、臉孔變成土色、眼睛閉不起來、表情顯得有些痛苦……等等，大家應該都不想看到這樣的面容。利用技術解決這些問題和煩惱，使亡者更接近生前容貌——為此，我成為也進行「修復」的納棺師。

最令我們難過的，是往生者的樣子變得與生前截然不同，導致在喪禮等場合，沒有人願意走到他身邊；但，實際上就是會發生這樣的事。

遇到這種情況，我會悄悄對亡者說：

「待會兒變漂亮之後，再請大家來跟您說說話吧。」

事實上，外觀迅速復原後，家屬真的非常驚訝。一定會聽到有人說：「像是睡著一樣呢。」接下來，眾人趨前將往生者圍在中間，形成最棒的告別氛圍。

一說到遺體化妝，也許有些人會以為是用化妝去改變、創造外表，實則不然。我們只是在恢復原狀，故稱為「修復」。此外，我特別堅持的是：恢復微笑。面帶微笑的故人臉孔，真的美麗極了。我反覆研究顏面表情肌，順著笑紋進行處理，終於能夠讓往生者恢復接近生前的笑容。

往生者肯定也想以最好的一面與眾人告別，希望大家最後能記住自己最棒的面容。我是這麼認為的。

‧替亡者做些什麼的回憶‧

讓往生者臉上恢復生前的微笑。儘管我也能順著當事人的笑紋進行修復，可比起我，家屬其實更熟悉故人的美好面容。因為長年共處、同甘共苦，想想也是天經地義。是故，進行臉部化妝時，我會盡可能傾聽家屬的期望，請他們協助。這也是我創立的「參與型入殮」的一項特色。

死亡現場，對許多人來說都是非現實的。自己可以做些什麼？該採取什麼行動？在無法冷靜思考和判斷的情況下，就算留下遺憾，亦是莫可奈何；話雖如此，只要替家屬營造一些小契機，便能聽見他們「我希望妳這樣做」「我想要這樣」的心聲。有一個這樣子跟家屬一起進行入殮的方式，不也很好嗎？

前提當然是由我先執行止血、體液處理、腐敗異味處理等等的遺體保存工作，但之後請家屬擦拭大體、進行臉部化妝、協助穿壽衣時，他們真的就精神奕奕地出手幫忙。

最後替亡者做些什麼——這件事本身似乎就成為難以忘懷的回憶。此外，透過握手、撫摸臉孔等等，亦成為向故人傳達親情的時光。

開始推廣這種參與型入殮之後，最棒的就是現場時光變得分外溫馨。家屬對亡者的愛，亦如實地傳達給我。

事實上，不論是誰，應該都想親手送故人最後一程；然而，不知何時起，那種機會在日本消失了。所以，我們的入殮乃是從仔細聆聽家屬心聲開始。對我來說，這段時光非常重要。

‧頭號粉絲‧

您想替往生者做些什麼呢？傾聽家屬希望這樣、想要那樣的心聲固然重要，但有時也會遇到必須靜靜觀望的情況。仔細觀察的話，便能察覺家屬的細微變化。從對方表情看出什麼時，我也會主動攀談。

倘若感到對方在強忍不哭，我就會緊握亡者的手，遞給家屬，說：「請您握住他的手。」

以結果來看，握也好、不握也好，怎樣都無所謂；不過，大部分的家屬都會握住。或許情緒因此放鬆了吧，他們就這麼拽著亡者泣不成聲。

也曾經發生過這樣的事。

一名年輕女子坐在往生的高齡女性身旁。詢問之下，年輕女子似乎是美髮師。她說：

「我答應過奶奶，說要叫她來東京替她剪頭髮，奶奶一直很期待。可是，我還只是學徒……」

她哭著懺悔自己無法實現諾言。我說：

「既然如此，妳現在替她修剪頭髮吧。我會幫忙的。」

她取出從東京帶來的工具，神情嚴肅地打理奶奶的頭髮。我很喜歡這種對故人傾注孺慕之情的入殮。滿室溫馨，其他家人亦淚眼守候。

終於，她把剪刀輕輕放在枕畔。

「妳實現諾言了呢。」

我說完，她大概是感到安心了，靠著奶奶號啕大哭起來。

「奶奶想必也很欣慰。」

我忽然注意到她的雙手紅腫乾裂。

說不定她還是負責洗頭的學徒，但我想奶奶一定知道她盡了全力。或許，奶奶就是她這個拚命三郎的頭號粉絲。

奶奶，今後也請看顧她吧。

我在內心悄悄對亡者說。

・水被・

對於故人的愛，確實有各種不同的表現方式。

曾經發生過這樣的事。我在一場高齡女性的入殮上完成大略處置，正準備替她穿壽衣時，站在一旁的小男孩把疊在腳畔的水被（注）重新蓋到亡者身上。我笑著說：「抱歉，因為現在要幫奶奶穿衣服呢。」可是，我才剛將水被在腳畔疊好，他又拉到胸口來。貌似小男孩媽媽的女子，最後大發雷霆：「就說了不能這樣啊！」不過，我總覺得那多半有某種含意。詢問之下，小男孩是小學一年級的孩子。

「因為很冷，所以要蓋被子嗎？」

「不是喔！我呀，一直是跟奶奶一起睡的喲。」

我發現小男孩小心翼翼地把水被蓋到奶奶肩膀之後，便露出心滿意足的表情。

注：水被，覆蓋在大體上的被子。

「我睡覺的時候，奶奶一直是這樣幫我蓋被子的。所以，我也要幫她蓋最後一次。」

小男孩一臉認真地解釋。我注意到他說了一個不能漏聽的字眼——「最後一次」。他明白死亡，或者正試圖去理解。既然如此，我想尊重這孩子的心意。

在蓋著水被的狀態下，我替奶奶穿好壽衣。

「喏，你可以幫我一個忙嗎？」

我把奶奶的手遞給他。那一瞬間，他對那股冰冷感到詫異，旋即撲進身旁爺爺的懷裡哭喊：

「爺爺！奶奶她要消失了嗎？為什麼？」

那聲音傷心欲絕，旁人亦聞之鼻酸。大家都不知如何作答時，爺爺摟住小男孩，說：

「奶奶會好好地活在她最愛的人心裡。她會永遠在你心裡陪著你，沒問題的。」

入殮結束離去時，爺爺叫住我，這麼說道：

「今天謝謝您。我會長命百歲的，為了這孩子也得活下去。我會努力的。」

・妳是親生女兒喲・

說到離去時被叫住，也曾經有過這樣的事。

某位高齡女性過世，我一到現場，總覺得氣氛有些不對。首先得知的是往生者與兒子全家住在一起，以及離家的女兒回來奔喪。坐立不安的，是媳婦。

這種事很常見。媳婦被親生女兒們誤解。母親不經意的一句話，在女兒的過度解讀下，演變成：媳婦愛整人、對母親尖酸刻薄、老是讓母親難過……等等的聯想。

我一如往常地面對亡者，卻發現了一件事。我隨即這麼說道：

「她最近好像常常笑呢。」

親生女兒聞言，不留情面地駁斥：

「不可能吧！」

「不不不，是真的呢。請您看這裡，有淺淺的笑紋吧？這是最近經常大笑的證據。所以，我想她晚年過得十分開心喲。呵呵呵，發生過什麼好事呀？」

我轉頭看著媳婦，她便說起了往事。

「婆婆晚年幾乎都臥病在床，不過，我每次只要一做她愛吃的料理，她就心情很好。婆婆常常要分我一口，可是，因為手會抖，食物就碰到了我的臉頰。那好像戳中她的笑點，總是大笑不止。」

「果然如此，看樣子真的很開心呢。」

入殮結束要離去時，媳婦跑了過來，流著淚說：

「謝謝您……解開了大家的誤解，我很高興。我不想讓別人認為自己在找藉口。可是，婆婆她對我說了，她說：『這些年妳夠努力了。』『妳是親生女兒喲。』『我最喜歡妳了。』我也最喜歡婆婆了，所以她過世時，我真的很傷心……」

這時冷不防吹起一陣強風，路旁樹上的葉子紛紛飄落。我說道：

「您婆婆搞不好看見了呢。這種突如其來的強風，實在很少見。」

轉頭一看，又有一名女性朝這裡奔來。

這次是女兒。她向媳婦鞠躬致歉。

「對不起，我想向妳道歉。我以前懷疑妳對媽媽尖酸刻薄，可是，其實媽媽跟我說她很感謝妳。我因為自己做不好，才牽怒於妳，對不起……」

不一會兒，媳婦的臉蛋也皺成一團，兩人相擁而泣。

葉子又從空中輕輕飄落。我暗想，這真是美麗的景象啊！所謂「血緣相異，心靈相通」，就是這麼一回事吧。

那時正是秋天。我當時就想：啊～～以後每次看到秋天落葉，肯定會想起這番景象吧。

果不其然，每到秋季，我總會想起那兩個人。

Chapter 2

肉體滅亡這件事

・死後變化會發生在所有人身上・

人一死，身體就會劇烈變化。有一次，發生過這樣的事。

那是一場高齡男性的夏季入殮。由於天氣炎熱，遺體已經出現腐敗現象。一掀開臉上的白布，只見亡者嘴巴張開、眼睛半睜、臉孔泛綠，也有了腐敗異味。

我身旁的往生者妻子見狀，這麼說道：

「孫子們最喜歡爺爺了。可是，既然變成了這種狀態，實在不想讓孫子看見。」

我向她提議：

「您讓我處理的話，嘴巴不必支撐物也可以閉起、異味會消失、眼睛也能闔上。如果是可以瞻仰的狀態，您也想讓孫子看看爺爺吧。」

處理完畢後，妻子淌淚道：「恢復原狀了。」

獲得許可的孫子們湊上來，一直依偎在心愛的爺爺身旁。送行準備期間，耳邊不停傳來歌聲，他們唱著以前經常跟爺爺一起唱的歌，那景象令我印象深刻。這些孫子和爺爺之間，應該是有許多美好回憶吧。最後又能創造新的回憶，我覺得格外有意義。

人的心臟一旦停止，就會開始出現腐敗現象。諸如：「異味」「膚色」「屍斑」「極度乾燥」「體液流出」「流血」「膨脹」「水泡」等等，將有許多變化。所有現象都有其理由。為了避免家屬驚慌失措，我會在入殮時依序說明每個現象的意義。一一確認那些令人擔心的部位，並恢復原狀。

為了保持亡者的美好面容，延緩腐敗的乾冰是必需品。配合大體的情況與狀態，放在消化器官、血栓、損傷部位、淋巴、氣管等適當位置。

往生者鐵定也想向「摯愛」好好道別，而我們納棺師就是為此存在。

・眼睛睜開、出血・

有時家屬會嚇一跳，明明死亡時眼睛是閉著的，可過一陣子，眼睛卻睜開了。為什麼眼睛會睜開呢？理由很多，不過絕大多數都是乾燥所致。針對睜開的眼睛，只要仔細進行眼皮的保濕及按摩，就能重新闔上。

此外，常常有家屬看見遺體流血而大吃一驚，也許是認為往生者不會流血吧。然而，死人一旦受傷，照樣會流血，而且會流個不停。因為人往生後，身體結痂功能既已停止。

若是少量出血，可以用一般的方法止血；若是大量出血，因為止血方法跟活人完全不同，就必須輪到納棺師登場了。入殮時一掀開水被，有時會看到血海一片。家屬見了不免大驚失色，不過請放心，我們正是為了這種情況而存在。

入殮時，首先用棉花處理口腔，清除體液、血液、異味。

接下來，為了呈現安詳的表情，要進行修容、乾洗頭、理髮，以及臉部按摩。

死人的肌膚和活人的狀態不同，很容易起變化。一般的化妝法有時會加速肌膚變化，所以要進行特殊的遺體化妝。

這時進行修容和臉部按摩，使化妝品更容易附著，便能恢復好血色的安詳表情。家屬期待的是生前那個神采奕奕的故人。

為了達成任務，許多地方都必須加以處理，諸如：眼睛、鼻子、嘴巴、臉部輪廓、浮腫、髮型、膚質與狀況、氣切部位、創傷部位、體液外流、止血……等等。

處理過程不便讓家屬旁觀，不過快完成時，我會頻頻徵詢家屬的意見。「恢復了！」這種來自家屬的認可比什麼都令我開心。

觀禮者紛紛打開棺木窗戶，端詳往生者的面容。我確認過那番景象，正要離去時，眾人一齊回頭，悲傷中帶著欣慰的表情說：「謝謝您。」那，就是我最喜歡的瞬間。

・猶如復活般解除僵硬・

從醫院接回往生者時，有些家屬看見合十的雙手被繩子緊緊綁住而大感震愕，質疑為何要這麼做。

這種疑問其實挺常見，不過，這也是有理由的。

聽說很久以前曾經發生一次意外，某位往生者的手在接送途中，從擔架床掉了出來，晃個不停，最後被某個東西夾住。

雖說當事人已經往生，但發生這種事還是教人同情，醫院護士也因此有了「抵達家裡為止請讓我們綁住大體雙手」的要求。

近來採取綁手方式的醫院少了很多，萬一遇到這種情況，也可以利用按摩消除綁痕。

醫院讓往生者擺出雙手合十的姿勢，還有另一個理由。因為人死後一陣子，身體會開始僵硬，之後就很難再改變姿勢。

臨死前越健康，就會變得越僵硬。「竟然變得這麼硬……」不少家屬因此難過或吃驚。這種時候，我就會告訴他們：「僵硬是當事人生龍活虎的證據喲。」「這是往生者在告訴我們，他過得很健康呢。」

納棺師當然知道解除僵硬的方法。一般人力氣再大，我想都很難做到。這是有竅門的，可以猶如復活般解除僵硬，納棺師都深諳此道。

僵硬解除後，有時家屬會說：「哎呀，不再緊繃了呢。」但其實是變得硬邦邦的。處理過程要運用全身力量。巧妙地移動重心，讓外觀看起來不再僵硬。有些小朋友看見我操作時的身影，會驚訝地說：「好像魔術一樣！」

有些家屬會質疑像我這樣的納棺師：「妳能做什麼？」可是，目睹亡者不再僵硬，便立刻換上真摯的神情，說：

「只要是我做得來的，請您開口別客氣。」

我對處理遺體的每個程序都很用心，其中格外注重的是詳細解說：「我下一步要做什麼？」

為了緩和家屬的不安與戒心，不讓他們有「被任意擺布」的感覺，我會仔細進行說明。

參與型入殮有時會跟家屬一起處理肌肉僵硬。我這時通常會請他們處理手指。觸摸手指瞬間，許多家屬會對那硬度感到震驚、流淚；不過，在我說明身體結構和按摩方式之後，家屬就會全力投入。

我會向家屬解釋送行準備的意義，他們理解後，神情就變得十分寧靜。「可以請各位幫個忙嗎？」我一開口，他們便馬上走到亡者身邊。入殮過程是家屬團結一心的時刻，一齊將往生者圍在中心。

・為什麼會產生水泡和屍斑？・

往生者的外觀，有時會變成難以想像的狀態。背部、雙手、雙腳等壓在身體下方處起水泡亦是其一。有時整個背部長滿水泡，破裂後滲出大量液體，弄濕被褥。這也是死後隨時間經過，屢屢會發生的情況。

很多水泡是因為臨死前仍注射點滴搶救，死後無法排出水分所致。是故，我會對家屬說：

「他很努力吧，竭盡全力奮鬥過了呢。」

不少家屬第一次看見屍斑，對那種異樣色澤吃驚不已。

「這不是瘀血，而是告訴我們，死亡來得很突然，是他之前一直很健康的證據呢。」

正如僵硬，死得越突然，屍斑的顏色也會越明顯。許多家屬一看見屍斑，就陷入深沉的哀傷。不過，不要緊的，變色的地方經過處理，就能恢復至完全看不出異狀。

隨著經驗的累積，我透過處理遺體所瞭解的事情也越來越多。往生者是死得很痛苦？或是安詳溘逝？在醫院奮戰多久？是如何撒手塵寰的……

透過皮膚和舌頭等身體狀態、屍斑和僵硬等死後出現的症狀，便能得知許多事實。

目睹亡者持續變化的外觀，曾經有家屬這麼說道：

「他是不是還有什麼放不下的呢？」

一旦出現這種言論，事情就沒完沒了。贊成的人、反對的人，在亡者面前爭論不休。到最後，他們常常會問我這個納棺師的想法。

當事人死亡時，是處於何種狀況？有什麼感覺？我想那是家屬亟欲知悉之事。我也想盡可能地告訴他們；話雖如此，不可能每個人都走得安詳，我有時也感到往生者說不定走得很痛苦。

我從遺體狀態察覺當事人曾經感到疼痛、受過苦楚時，就把它當成我和亡者之間的祕密。然後，知道亡者受過苦楚時，我就說：「他生前是很努力的人吧。」而知道亡者曾經感到疼痛的話，我則告訴家屬：「他好像在說，謝謝大家的鼓勵。」我也常說：「他說不定是想向你們表達感謝之意。」

如此一來，就不會再有人提到「怨念」「詛咒」「放不下」之類的字眼，其實大家都不想談那種事的。

處理遺體所感受到的，就是不管是怎樣的往生者，他們每個人都教導我努力活著的意義。

你有沒有努力活著呢？我總覺得他們正這麼問。

・與故人對話・

「妳好像在跟奶奶親嘴。」

入殮時曾經有小朋友這樣形容我。我處理遺體時，好像就是那麼接近亡者。

「我們在說悄悄話喲。你想知道我們說了什麼嗎？我問她喜歡喝什麼，你知道嗎？」

我這麼一反問，小朋友們旋即過來幫忙，因為他們多半是深受亡者疼愛的孩子。小朋友們在我身邊幫了許多忙，都是非常優秀的小助手。

如果是炎熱季節的入殮，也有小朋友會替我擦汗。擦得太認真，甚至把我的妝都擦掉了。不但粉底沒了，連眉毛也不見了。大家圍著素顏的我嘻嘻哈哈。

當我默默處理遺體時，大人則會這麼說：

「您好像在跟往生者對話呢。」

事實正是如此。我是透過大體與故人對話。進行臉部按摩時，亡者就會告訴我：

「啊啊，這附近是臉部重點。」追尋著笑紋，便能得知與生前表情相關的重要部位。化妝也經常宛如在亡者的引導下進行。所以，我也會對亡者說很多話。

「您生前真的好努力耶，家人們正看著您努力過的證據喲。」

「之前很痛吧？不過，現在已經不痛了。您就以最美的模樣跟家人說再見吧。」

此外，在我面對亡者時，也有人這麼問過：

「您為什麼能對死去的人那樣溫柔呢？」

經驗豐富的納棺師，或是殯葬服務業者，我想大家都很溫柔。某次，老前輩對我說的一句話成了我的初衷。

「往生者的大體狀態可以告訴我們許多事，妳可別錯過任何細節喔。」

從那時起，我就變得想好好瞭解亡者，覺得自己必須瞭解更多。

「因為屬於那個人的風格，才是家屬最想追求的。」

我希望亡者呈現的是家屬期盼的模樣。有了這種想法，許多行動便自然而然地出現。比方請家屬握住亡者的手時，我會先用自己的體溫來溫暖亡者的手，再把家屬的手放在上面。我就是撮合家屬與亡者的邱比特。

「請您記住皮膚觸感、手掌大小喔。」我提醒道。因為接著要送去火化，那麼一來，肉體就消失了。

然而，縱使肉體消失，關係依舊不變。對家屬來說，故人是永遠的摯愛，是一起活下去的人。

・大體發出呻吟・

偶爾也有「大體發出呻吟」這種情況。我聽過，可第一次經歷時，真的魂飛天外。替亡者穿壽衣時，大體發出「嗚～～」的聲音……

不過，那並非靈異現象，而是我們扶起往生者的身體時，累積於胃部的氣體，通過氣管觸動聲帶所產生的聲音。機率不高，但確實可能發生。

有一次，現場因為這個呻吟陷入混亂。聽見亡者突如其來的呻吟，家屬們撫屍慟哭。

「還活著啊！」

「快起來！」

家屬大聲呼喚往生者的名字，不停搖晃大體。聽見那個聲音的人們不斷聚集過來。還無法接受故人已逝的家屬，相信奇蹟，痴痴等待往生者復活的模樣教人鼻酸。那畢竟是他們摯親摯愛的家人啊。

他們不停呼喚名字，不停搖晃大體；然而，聲音再也沒有出現。那景象見了，實在令人難以忍受。
再次感受到故人是被如此深愛著，我拚命忍住淚水。

「說不定還活著！我們想停止入殮。」
曾經也有家屬這麼要求。
我很重視偶然。向來相信偶然是一種必然，因為小時後爺爺奶奶就是這麼教導我的。所以，遇到這種情況時，我會停止作業，守在一旁。家屬欣喜若狂，盡情地觸摸故人。
然而，死亡是無法改變的事實。他們不久後便回到現實，那表情落寞萬分。我重新展開作業，同時對他們說：
「他或許是想向各位說最後一次的『謝謝』吧。」
往生者是在說：「希望你們永遠喜歡我。」
話說另一次入殮時，大體一發出呻吟，眾人就落荒而逃。
「生前老是被罵，還以為她又生氣了。老媽，別嚇人啦。饒命饒命（笑）。」
觀禮者哄堂大笑，家屬也不好意思地笑了。以前也發生過這樣的事。

・特殊遺體和蛆・

有些遺體是由警方送來的，例如：交通事故、墜樓、獨居死亡、自殺等情況。這類大體被稱為特殊遺體，遇到這種案件，我還是跟平常一樣進行感染預防、遺體修復，以及家屬的悲傷輔導等入殮程序。

遺體有時損傷嚴重，但大多都能修復。為了幫助喪失摯愛的家屬產生重新站起來的力量，遺體修復與溝通就變得至關重要。特殊遺體的處理工作，除了可以讓家屬辨認出「恢復原狀的大體」，不少還能撫慰家屬心靈。

終於能夠從正面凝望先前一直無法正視的死亡，那一瞬間，亦是身為納棺師的我放下肩頭重擔的瞬間。

我的堅持是「那個人的風格」和「微笑」，是讓當事人「保持原貌的技術」。

「對對對！就跟生前一模一樣！」

家屬在入殮現場哭著這麼說的時候，目睹遺體狀態當下其實深受震撼的我，心靈亦隨之昇華。我也是人，也有感情。悲痛欲絕的現場、痛不堪忍的現場、感動落淚的現場、任務艱巨的現場等等，縱使表面上看不出來，我內心亦是搖擺不定。

曾幾何時，連長蛆的遺體也難不到我了。失去原貌的外觀、強烈的異味，這樣家屬難以產生接納死亡的心境。面對不曾見過、無法想像的那面容，哭喊：「誰來幫我們修復！」因為無法拒絕家屬的請求，才成就我今日的技術。任務的困難度，促使不可能變為可能——我真的如此認為。

我想達成遺族的期待、想使亡者復原，永存家屬記憶中——單純就是這種想法。當失去原貌的外觀恢復原狀，「我最喜歡你」「我愛你」等話語響起時，我肩上的壓力咻的一聲消失。那一瞬間，我也分到了一點點亡者與家屬的幸福回憶。為了那一瞬間，我也承接特殊遺體的任務。

‧溺死和自殺‧

那些往往使人觸目傷心的特殊遺體之中，有些是溺死案例。人一旦溺死，就會像氣球般膨脹，產生腐敗氣體，容貌澈底改變。

處理遺體時，臉部要是發脹，就得留意是否有氣體。有氣體的話，眼睛會流血淚。如果皮膚底部像熟透的番茄或柿子般又軟又爛，就是產生腐敗氣體的證據。

家屬第一次看見溺死者產生腐敗氣體，導致容貌完全改變，不但驚訝，也難以接受。即便是溺死，我仍會盡力將亡者修復至接近生前的面容；可是，倘若處理後再度產生氣體，容貌又會改變。

是故，我在處理前會詳加說明，告知家屬一旦產生腐敗氣體，有可能出現哪些變化。在氣體導致急遽變化之前，當事人的身體會發出許多訊號。並請家屬在訊號出現時通知一聲，我將立刻趕來。

另一種觸目傷心的特殊遺體則是自殺。有不少自殺後的慘狀，令家屬不勝悲慟。我甚至覺得人們要是曉得上吊的遺體是什麼模樣，自殺案例說不定也會減少。上吊者不但脖子伸得老長，舌頭也掉在外頭。

最讓人痛心的，莫過於家屬認屍時的震驚。不得不目睹親人那種從未見過的駭人變化，搞不好連我也會當場暈厥。所以，我想替他們換上新的記憶。那當然可以修復，無論是繩子的勒痕、伸得長長的舌頭、瘀血變色的肌膚，都可以修復。

家屬在修復前和修復後的反應天差地別。正因為見過變化後的狀態，他們會走近、撫摸、依偎。我則在旁注視家屬自行走向亡者的身影。

我常常警告年輕人，自殺會被脫光驗屍喔！那些你不想被人看到的全身上下每一處，都會被爸爸、媽媽，還有驗屍官看光光喔！因為法律規定如此。

我希望更多人曉得自殺不為人知的這一面。

・感謝警方・

勸別人最好不要自殺時，我還會說另一個故事。

上吊的話，繩子的位置一個不對，聽說將死得極度痛苦。不僅舌頭會掉出來，還會大小便失禁，有時連眼球都會飛出眼眶。

假使沒有馬上被發現，日子一久，死狀更加慘不忍睹。

若是戶外自殺，蒼蠅會在遺體內產卵，隔天就會長蛆。遺體也會成為烏鴉的目標，柔軟的耳朵、鼻子、嘴唇等等，將被尖銳的鳥嘴啄下、吃掉。一個月後，脖子和身體脫離，掉落地面。

這就是上吊自殺的真實情況，很多人其實並不知道吧？

而且，就算變成這般悽慘的模樣，仍會被警方以特殊遺體送來。總之，就是被陌生人發現、處理。正因如此，我希望大家都能瞭解警察們的辛勞。

這不僅限於自殺，意外和事故亦是如此，家屬傷心認屍時，警察總是守在附近。

許多人疲於奔命，只為稍稍減輕家屬的悲傷。

交通事故的遺體也好、自殺後嚴重損壞的遺體也好，首先替往生者洗去身上汙穢、驅除蛆的，正是警察人員。

我也會去警局處理遺體，刑警這時會對我說：「謝謝您幫忙修復。」警察們對亡者關懷至深。

有時刑警會眼眶泛淚地在旁觀看修復工作。

「我也想記住那些修復手法，再將大體還給家屬。」

「我曾經無法闔上死者的眼睛，悔恨地送他離開。」

許多溫柔深情的刑警們這麼說過。

警局的處理作業結束後，他們從不曾忘記說：「謝謝您，幸好有您幫忙。」

警局的太平間其實是一個非常溫馨的場所，充滿了專業人員天天奮鬥不懈的光華、體貼入微的心靈與溫柔。

真的、真的非常感謝諸位的付出，警察先生小姐們。

・溫情永存家族內・

人死亡以後，身體時時刻刻都在變化；但，無論變成什麼狀態，都可以修復。身為專業人員，我告訴自己要使命必達。

縱使死後經過很多天，柔軟的部分脫落、白骨外露，我也是穿著白衣和口罩執行修復工作。

蛆喜歡生長的部位大概都想得到，就是眼睛、嘴巴、鼻腔這類柔軟處。是故，要使用特殊藥劑加以驅除。家屬瞻仰遺容時，萬一有蛆緩緩爬出大體就糟了，因此必須仔細處理，避免那種意外發生。

即便部分遺體開始白骨化，只要經過觸摸、按摩，生前容貌仍會浮現，就能得知亡者的五官特徵。

至於乾燥、凹陷、脂肪的修復，則要使用脫脂棉、蠟、潤膚乳液。

我甚至常常感覺到：說不定是亡者在指揮我的手指。

「喏，我的臉是這樣子喲。請幫我弄成這樣。」心無雜念地修復大體時，彷彿聽到某處傳來這種聲音。

我也回道：

「用最美好的面容與家人見面吧，大家都在等您呢。」

可是，再怎麼付出心力和技術，仍有無法達成之事——那，就是讓家屬感到故人溫情。因為溫情存在家族間。

而身為專業人員，能夠透過溝通讓家屬領略多少故人溫情？或者能否當場營造？我想，那就是勝負所在。

我曾獲得兩、三歲稚子的幫助，亦曾受過長者的教誨。那些深愛故人，且同樣被故人所愛者的行動和資訊甚是重要。

肉體終將消失。入殮結束，下一步就是火化。

身體存在期間的告別，就只有這段時光。我希望家屬不要留下遺憾、希望他們可以與亡者共享溫情、希望他們分享許多回憶、希望他們懷念往生者，我打從心底如此期望。

我們都有被送行的一天，各位希望他人如何替自己送行呢？
我希望大家面帶笑容，在歡樂的氣氛下為我送行，在稍微替我感傷之後。

Chapter 3

送行

現場

・喪主的努力・

多數人一生僅有數次經歷的，那或許就是參加喪禮。至於每天前去報到的，則是我們這種人。

接到禮儀公司的通知，到場後首先致意的對象就是由家屬或親戚代表擔任的喪主。每場喪禮均是如此，喪主的努力令人動容；然而，絕對不能忘記喪主失去了摯愛，往往是最傷心的人。可是，正因為自己是喪主，就必須振作起來、必須好好應對、必須讓死者走得風風光光……喪主內心百感交集。

委託我們入殮的禮儀公司，深知喪主的那些心情。因此，遇到委託時格外努力的喪主，禮儀公司就會叮囑：「至少在入殮時，讓他有一個好好向死者告別的時間吧。」

到現場一看，喪主顯得比誰都堅強。那份精神意識固然重要，但也不免擔心他過度壓抑內心情緒，沒有真正接納死亡，就結束了喪禮。

這種時候，我就會在要將大體抬入棺木時提議：

「接下來要借助各位的力量，將大體抬入棺木；不過，在此之前想拜託喪主一件事。可以請您再次緊握住生者的手嗎？」

入殮的前一刻，肩頭重擔終於稍微減輕的時候，我這麼一提議，喪主先是愣怔地握住亡者的手，接著撫尸慟哭，宣洩種種情緒。這相當重要。

周圍的親友們也靜靜守候。最後，親友與喪主團結一心，打理後事。

・庫錢・

喪禮現場是家屬對亡者愛戀泉湧的現場，有許多令我印象深刻的回憶。

例如某些地區在入殮時會讓亡者拿著「庫錢」。其所代表的意義、形狀、拿的位置不盡相同，但家屬的心意是相通的。

庫錢好像有各種形式，我是將折紙遞給家屬，說：

「請寫上您想讓當事人帶走的金額。」

有些家族是大家輪流寫上各自金額，有些家族則是由喪主、兒子或女兒代表填寫。

那麼，你覺得大家會寫多少金額呢？

一萬圓左右？五萬圓？一百萬圓？

不不不，平均差不多是一億日幣。我想各位可以想像，家屬對亡者的親情是何其深厚吧。

其中亦有我至今仍無法忘懷的庫錢。丈夫高齡過世，妻子年紀也很大。我一如往常地遞上折紙，請她寫下金額。

「我很久沒寫字了，而且手會抖，字也寫不好。」

然而，妻子還是接過折紙，非常努力地握著生疏的筆桿，跟文字奮鬥。

終於，在我遞給她的折紙上，用歪七扭八的大字寫下：

「2億。」

我胸口一緊。

她不太會寫國字；即使如此，還是希望丈夫帶走那筆金額。盡心竭力的庫錢，極其美好。

另一回，我清楚記得兒子替亡母送行時說的這句話。

「媽媽，我寫了一億圓喔。很重吧？對不起呀。不過妳帶著上路吧。我最後總算是盡了孝道。」

親友間傳來啜泣聲。

這種心繫故人寫下金額的行為，讓家屬重新面對往生者。我認為是很棒的日本傳統。

・BISCO・

入殮時，我一定會問亡者喜歡的東西、喜歡的事情。

「喜歡的東西？我們這麼恩愛，當然是我啦。」也曾經有喪主這麼回答。

有時還會把亡者喜歡的飲料當成「末期水」（注1），有時也讓亡者將食物含在嘴裡。

話說回來，亡者喜歡的東西還真是五花八門，諸如：柿之種、巧克力、蛋糕、甜納豆、糖果、義大利香腸、蒸芋頭、珍饈佳餚……等等，甚至還有家屬回答「仁丹」（注2）。

有一次，我聽見家族裡有人喊：「BISCO！」（注3）忍不住應道：

「老實說我也很喜歡，真好吃哪。」

「火化日以前準備好的話，就可以一起放進棺木裡燒給他喔。」

我說完才曉得，原來他們已經買好了。不愧是家人！用折紙包好，讓亡者合十的雙手裡拿著 BISCO 之後，親朋好友們欣喜無限地說：

「這樣他應該也很開心吧。」

然後，關於亡者的回憶如花綻放。

「他那時滿臉得意、津津有味地吃著哪。」

想起亡者開心的臉孔、快樂的臉孔，眾人表情自然變得愉快。

他不是喜歡吃那個嗎？是這個吧？諸如此類的討論時光真是美好。有人模仿起亡者喝飲料、吃東西的樣子，「很像！很像！」其他人見了捧腹大笑。他有過那種想法、他生前是這樣的人……眾人告訴了我，那個我所不認識的亡者。

注1：末期水，讓往生者嘴含人生最後一口水。將脫脂棉或紗布固定於免洗筷前端，或者用全新毛筆沾水，滋潤亡者嘴唇。

注2：仁丹，日本森下仁丹株式會社販售的一種口服成藥，可清新口氣、治療暈車。

注3：BISCO，日本江崎固力果販售的乳酸菌夾心餅。

・生活態度・

從大體可以看出一個人的生活態度。

我特別喜歡那些熱衷於水田、旱田、園藝工作的長者臉上的色斑。處理遺體時，我必定會問：

「好棒的色斑，該怎麼處理呢？是用化妝遮掩？還是忠實呈現？」

或許是那色斑讓家屬想起亡者不論寒暑都辛勤工作的身影，不少孩子們會一邊撫摸色斑，一邊哭喚：

「媽媽……」

以結果來說，大家幾乎都選擇忠實呈現。

在某次農家高齡男性的入殮，我們討論應該把指甲裡的泥土清乾淨？還是保留原狀？親戚和朋友主張：「希望清乾淨。」家屬卻認為：「維持原狀比較好。」最後，妻子愛憐地撫摸、握住那指甲裡塞滿泥土的手，說：

「我喜歡這雙手。你們的爸爸就是用這雙手努力工作。指甲裡老是、老是塞滿泥土。這就是你們的爸爸，這樣就好……」

家屬聞言啜泣不止；兒子也不禁淌下男兒淚。

我替亡者擦拭大體，指甲的泥土則維持原狀。蓋上棺木時，也特別注意讓觀禮者能夠透過棺木窗戶看到故人合十的雙手。

替亡者送終的兒子、孫子們，大概也曾幫忙農務吧，皮膚曬得黝黑發亮。大家從棺木窗戶朝內端詳的模樣，可以深深感到亡者倍受家族尊敬。

「爺爺，謝謝……」

孫子呼氣噴在窗戶上，目不轉睛地看著爺爺直到窗面轉白。

原本主張把泥土清乾淨的親友，也一臉溫柔地注視他們。

那個……其實……

入殮時，有些家屬會主動對我說：「那個……」「其實……」「老實說……」我總覺得他們這時想要傾訴的對象，其實是往生者吧。

家屬顯露出來的表情和話語，有時是禮貌性的，有時也可能戴著假面具；或者在說反話，或者在琢磨能夠傳達內心想法的用語。

納棺師能從中察覺幾分真相呢？我一面聚精會神地解讀家屬的態度，有時也說些無須對方回答的獨白。被我說中時，家屬神情瞬間改變，有了「這個人懂我！」的感覺，信賴關係就在那一瞬間萌芽。家屬娓娓道出想對亡者說的真心話，透過對我吐露真言，有了終於能向亡者告白的感覺。

這過程當然不容易。為了能夠更精確、更迅速、若無其事地察覺對方心思，必須天天鑽研。

為什麼要做這種事呢？因為我相信如此能夠幫助亡者與家屬。入殮時為了紓解家屬的緊張情緒，同時為了讓他們留下美好回憶，我會問一些關於亡者的軼聞趣事，跟每一位家屬聊聊天。看著家屬的表情逐漸開朗，亦是這個工作的妙趣所在。讓我慶幸又結了一次良緣。

話說某次完成往生女子的入殮程序後，剛蓋好棺木，眾人就哭成一團，我也難過起來，又把棺蓋打開。

「您肯替我們打開嗎？」眾人喜極而泣。

大家再次跟亡者說完話後，稚齡女兒突然親吻亡者：

「媽咪，謝謝妳。」

那模樣極其可愛，我見猶憐。

工作中絕不哭泣的我也不由得潸然淚下。

我當時就想，幸好又替他們打開棺蓋。

・是我的錯・

必須面對死亡；但，就是做不到。

喪禮上有時亦潛藏著內心這般糾結的人，尤其是涉及故人死亡內情的人。我認為必須格外留意這些人。

某次入殮時，禮儀公司的人對我說：

「老爺爺的樣子怪怪的，可以請您稍微留意一下嗎？」

往生者是讀小學的小男孩。不幸在夏日海邊遭到雷擊，送醫後不治死亡。而帶那孩子去海邊的，就是老爺爺。

他似乎一直在責怪自己。我在小男孩往生隔天見到他，他看起來徹夜未眠。

「我是負責您孫子的納棺師。」我走到他身邊自我介紹，他幾乎一句話也沒說。

老爺爺跟其他家屬保持距離，滿面愁容地佇立。「我可以坐在您旁邊嗎？」我問道，然後默默坐了下來。

過了一會兒，他終於開口說了一句：「是我的錯。」接著徐徐說起那場意外……海邊驟然烏雲密布，消防人員趕來，指揮遊客上岸；可是，來不及了，意外瞬間發生。

聽說因為雷擊，站在附近的老爺爺衣服口袋燒破了，手裡的小布袋底部也穿了洞；話雖如此，幸好沒被直接擊中。老爺爺悔恨地說自己不該帶孫子去海邊，傷心地問孫子是不是死得很痛苦。

還有一件令他難過的事，就是家裡沒有人責備他。如果有人責備自己，反倒輕鬆一些，他這麼說。

老爺爺至今都無法瞻仰遺容，甚至不敢正視家人的臉孔。

他又告訴我一件讓他在意的事。

雷擊時，小男孩朝爺爺的方向望來，雙眼瞪得大大的。他問我，那是什麼意思呢？我說：

「他大概是在找爺爺吧？想確認您在他身邊。另外，您孫子應該是剎那間失去意識，照理說不會感到痛苦。最後一瞬間，眼裡看到的是爺爺的身影。所以，我想他走得很安詳喔。」

是嗎？沒有受苦嗎？老爺爺生硬的表情初次潰決。

「您孫子一定有感受到爺爺是這麼地愛自己，所以請您今後也繼續這麼愛他。因為您是他最喜歡的爺爺。」

老爺爺痛哭失聲。

他是因我而死的，我還能當他爺爺嗎？我能替他死就好了……老爺爺這麼說道；但，他也說了，如果這是命運，最後能夠陪在孫子身邊真好。

人類透過說話整理思緒，語言就是有這種力量。

「我也替他謝謝爺爺。感謝您一直陪在他身邊，所以他不是一個人孤伶伶的。」

一直無法面對大體的爺爺，修復後也見了孫子最後一面。

老爺爺哭著給孫子最後的擁抱，緊緊摟住小男孩。

其他家屬見了也淚流滿面。因為大家都知道，小男孩最愛的就是爺爺。

不是誰的錯。正因為每一個人的存在，才有過去那些歡樂時光，才有現在。入殮時，我總是這麼告訴家屬。也為了亡者，我希望他們相信。然後，我希望他們笑著送亡者離開。

‧煙火和蛋卷冰淇淋‧

另外還有一場令我難以忘懷的入殮。往生者是患有罕見心臟疾病的六歲小男孩。醫師說開刀的話，將來說不定可以活得久一點，父母便努力工作，想盡辦法籌措手術費。

於是乎，小男孩就交由奶奶照顧。據說總是奶奶陪著這孩子反覆進出醫院。

替這般年幼的孩子入殮過於難受，不是人人能夠應付，禮儀公司便叫了我來。也許是生病的影響，那是一具很小、很小的遺體。我抵達現場，只見母親把孩子抱起又放下、抱起又放下、抱起又放下。那景象令人為之鼻酸。

小孩子不必刮除臉部細毛，直接抹按摩霜進行保濕，替臉頰上點腮紅，整理頭髮，就變回十分可愛的模樣了。為了讓母親可以盡情擁抱他，我也做足防止乾冰脫落的措施。

母親抱著小男孩說著：早知道難逃一死，當初多花點時間陪他就好了……

我覺得自己必須說些什麼。

「可是，要說您是為了誰工作，就是為了這孩子呀！我想您的孩子一定懂得媽媽的苦心。」

這種時候，多數父親不會走近。男性比較不容易立刻接受現實。我請母親把遺體抱給父親，他終於擁抱了自己的孩子。父親吞聲飲泣。

就在此時，我注意到遠處旁觀的奶奶。

我趨上前問：「您要抱抱他嗎？」奶奶說：「不，不了。」我發覺，必須跟她稍微聊一聊。

談話從閒聊開始，最後終於講到小男孩死亡前一天的事。

聽說小男孩最喜歡煙火和蛋卷冰淇淋。那天有煙火大會，他邊看煙火邊吃冰淇淋，是有生以來最快樂的經驗。

醫師曾經警告，再發作就有生命危險。小男孩就在那場快樂的經歷中發作了。

奶奶這時告訴我，有一件事她一直沒辦法對別人說。

小男孩發作時，在奶奶懷裡這麼說道：

「奶奶，別擔心。去了醫院，就有醫生，沒事的。我絕對會回家的。所以，妳要等我喔。」

才不過六歲的孩子，因為成天對抗病魔，儘管身子瘦小，個性卻是極強。明明痛苦不堪，卻堅強地安慰奶奶。正因如此，奶奶無法接受死亡，為了替孫子掙手術費而拚命工作的孩子們，她也不能哭泣。

然而，一旦對誰說出口，心裡就起了某種變化。

「奶奶，請您抱抱他吧。您孫子應該也很期盼能夠再回到奶奶的懷抱。」

我說完把小男孩抱給她，奶奶泣不成聲。

「我很愛這孩子，真的打從心裡愛他。」奶奶說道。

不久，她站起身，臉上淌著大粒淚珠，用厚實的手抱住小男孩。

不可以哭、不可以接納死亡——現場也有這麼想的人。即時發現那些人，為他們營造一個聆聽自我心聲的契機，也是我們的工作。

為了不讓家屬留下「要是當時那麼做就好了」的遺憾，每場送別都是無可取代的瞬間。

・我可以摸摸他嗎？・

有時為了體諒或禮讓遺族，反而讓人無法誠實以對；然而，事後卻可能因此抱憾終生。

某次入殮結束後，會場大廳只剩下往生者、我，以及另一名年長女性。包括喪主在內的所有家屬，則在其他房間用餐。

「您是往生者的母親，對吧？」

我一開口，她就拿著手帕，淚如雨下。

「您有沒有摸摸兒子，跟他告別呢？」

一問之下，原來兒子已經有了自己的家庭，她認為一切儀式該是以家人為中心進行，不好意思那麼做。「我可以摸摸他嗎？」她喜不自勝地握住我的手。

「當然可以。那麼，我重新打開棺蓋囉。」

母親撫摸兒子臉龐，淚流不止。她對兒子說：你很努力了，很辛苦吧。

家家有本難唸的經，那在入殮時亦然。我在這家族的入殮上其實一直在觀察，最後決定替老奶奶留一個這樣的時間。禮儀公司的負責人也答應幫忙。

母親說了許多關於兒子的回憶。她說，在她心裡頭，過世的丈夫和兒子今後該會一起度過。聽說她丈夫和兒子都是死於癌症。

「雖然如此，他還是令我感到驕傲的兒子，永遠都是。」

母親說道。兒子與病魔抗戰時，其實曾經向母親撒嬌。她說自己會好好珍惜那個回憶。

瞻仰遺容、觸摸、痛哭一場之後，燦爛的笑容又回到她臉上。我再次體認到，人類真是堅強哪。

如今這個時代，聽說每兩個人就有一人罹癌。早期發現、早期治療非常重要。我母親也曾經得到子宮癌。發現癌症後，經過開刀與治療，存活至今逾三十年。

・咒語・

儀式現場除了悲傷之外，亦是溫馨洋溢的場所。

完成高齡女性的入殮，正要離開家裡時，參與型入殮上幫忙的八歲小男孩在外面等我。

「我跟你說喔，我教妳一個沒有精神時的咒語喲。」

他要做什麼呢？我望著小男孩，只見他朝天空高舉雙手。

「這樣子舉起手，幸福就會從天而降喔。妳做做看。」

我模仿他的動作。結果，還真的挺舒服。他又說道：

「嗯，妳做得很好。那接下來，妳『深呼』一下看看。」

深呼？原來是指深呼吸。

「嗯，這樣子，就會有好事發生呢。還有呀，這個給妳。」

只見那柔軟溫暖的手掌裡包著一顆糖果。

「這個咒語是奶奶教我的喔。絕對會發生好事，而且會變得很有精神喲。」

這孩子的奶奶是這天的往生者。我彷彿見到了生前的她，一看就曉得她是多麼重視、疼愛著孫子。而今，那份溫柔傳遞給我。我忍不住抱住小男孩。奶奶，您把孫子教得很懂事呢，我對天空說道。

經歷親人死亡、竭力奉獻的遺族，無論年紀大小，我感到他們都變得如往生者一般尊貴。

有一次，我連續三年在喪禮會場遇見一名二十出頭的女性。奶奶、爺爺和母親相繼過世。入殮結束後，她追出來找我，哭著這麼說：

「短期間內死了三個人，我真的很難受；可是，每次都盡情撫摸，做了所有可以替他們做的事情，所以我沒有一絲遺憾。死亡經歷雖然傷心，但我變得能夠溫柔待人了。」

我忍不住抱住她，一起掉淚。因為站在那裡的她，是真真正正地接納了死亡。她說道：

「我剛才對親戚說，死亡不是不幸。比起一開始，我變得更堅強了吧？」

她的目光十分美麗。

死亡，是往生者親身教導摯愛家族最後一件大事的機會，亦是一種學習機會。

我覺得很可惜的是，有些人不願深入理解死亡現場、喪禮現場，將它說成慘事一般。旁人的一句無心之言，都會刺傷家屬心靈。

死亡不是不幸。我們這些殯葬服務業者，大家都知道。

Chapter 4

天使們

・踢爺爺一下・

社會化良好的大人，縱使在儀式現場，亦會故作堅強。然而，坦率地表露真正情感是比較好的。如此才能澈底接納死亡，向前邁進。現場經常有人提醒我們那種坦率的重要性——透過孩童純真而率直的行為。那些衝擊大人心靈、撼動其情緒的天使們，現場非常之多。

某個小男孩的爺爺往生了。入殮時，這孩子做了一件讓旁人大吃一驚的事情——他冷不防地抬腳踢了已去世爺爺的腰部。周圍人們嚇了一跳，小男孩則被父母大聲責罵。

入殮結束，我正準備蓋上棺木時，聽見有人大聲說：

「不要蓋起來！」

是那個小男孩。我覺得一定有什麼原因。

「嗯，知道了。那，我就不蓋囉。」

我說完，小男孩就喜孜孜地問：

「喂，剛剛我踢爺爺的時候，妳為什麼不罵我呢？」

「因為我想你一定有理由的。是為什麼呢？」

周圍的大人們靜靜聆聽我和小男孩的對答。

「爺爺他呀，每次我做壞事時都很生氣。然後呀，生完氣就會搔我的癢，那很好玩。我呀，很想被爺爺罵。我想要是做了讓爺爺生氣的事，他說不定就會復活嘛。」

小男孩說著說著，開始號啕大哭起來。他是多麼喜歡爺爺、是多麼想要再見爺爺一面哪！奶奶淚流滿面地抱住小男孩。

每個人表達感情的方式不盡相同。我彷佛從小男孩身上看到愛的終極表現。

・三姊妹・

闔上眼睛、閉起嘴巴、處理鼻腔之後，大部分的腐敗異味就會消失；進行臉部按摩、肌膚保濕、化上淡妝之後，故人表情便能復原，跟處理前判若兩人。

「阿姨是魔法師嗎？」

小朋友常常問我。我則這麼回答：

「我是姊姊喲（笑）。」

某次，有三個小姊妹目不轉睛地看著處理遺體的我。往生者是她們最喜歡的奶奶。三姊妹是還沒上小學的稚童，可愛極了。對於深愛自己的奶奶變成那種異於平常的模樣，她們感到不知所措，似乎是想知道接下來會發生什麼事情。

我半途停下手來，試著問道：

「喏，妳們要不要做做看？」

後方的母親也點頭答允。

我把工具遞給三姊妹，教她們如何化妝，她們就用溫柔至極的動作替奶奶化起妝來。小心地、慎重地、溫柔地，宛如將所有心情都灌注於指尖般。

我看著那番景象，暗想往生的奶奶應該很高興吧。目光被三姊妹的化妝術緊緊吸引住的父母和親戚們也拿著手帕，凝望三姊妹的溫柔動作。

「奶奶真的很疼愛這些孩子……」也從母親口裡聽到這句話。

化妝結束後，我把折紙遞給三姊妹，她們到後方拿了筆來，不知在背面寫些什麼。一看，三姊妹用初學乍練的大字這麼寫道：

「ㄞˋㄋㄧˇ。」

接著將那張紙折成了一朵牽牛花。

我把折紙花當成胸花，別在奶奶的壽衣胸口。

「奶奶、奶奶……」

孫女們聲聲喚道。棺木中的奶奶彷彿在微笑。

‧來自那個世界的朋友‧

四歲的小男孩，因為爺爺的死亡而深受打擊。

「全家都不知該怎麼安慰他才好。笹原小姐，妳今天來的時候能不能裝成爺爺在那個世界的朋友呢？」

某次入殮，對方提出這種相當罕見的請求。原來如此，為了小男孩的將來，我覺得悲傷輔導十分重要，便欣然應允。跟情緒異常低落的小男孩悄聲攀談時，他這麼答道：

「爺爺在那個世界苦不苦？爺爺一直很痛苦的樣子呢。我在想他現在會不會還很痛苦？」

翻開遺體臉上的白布，我稍微明白他會那麼說的理由——遺體臉上殘留著苦悶的表情。讓我跟爺爺單獨相處一下吧？我拜託小男孩，然後闔上遺體的眼睛、關閉嘴巴。接著進行按摩，恢復肌膚的彈力，也恢復血色和微笑。最後整理髮型，再次把白布蓋到臉上。

我喚來小男孩，請他坐在身邊，其他家人也伴隨在旁。

「接下來讓我們替爺爺下咒語吧！讓爺爺不再痛苦。那麼，你可以給爺爺喊一聲『痛痛、痛痛，都飛走～～』嗎？」

小手放到了白布上面。我想小男孩是真的很擔心爺爺，只見他扯開嗓子叫道：

「痛痛、痛痛、爺爺的痛痛，全都飛走～～」

我在下一剎那掀開白布，小男孩表情一變。

「哇～～爺爺在笑！媽媽，爺爺在笑耶！」

這麼叫完，他猛地伏在水被上。

「爺爺！爺爺！爺～～爺～～」

小男孩像壓在大體上般地緊緊抱住爺爺。目睹這份對爺爺的純真親情，周圍人們嗚咽出聲。

孩子的感情很直接，不能敷衍搪塞，只能從正面接招。

我以來自那個世界的爺爺友人這個身分，對他講述許多事——關於祖先的事、關於冥河的事、關於肉體消滅，但靈魂仍會在他身邊的事。哭泣時，儘管看不見，可爺爺正緊摟著他；開心時，爺爺也會一同歡喜……

那也是為了接下來火化時「送入火化爐」的準備。完成一切送行準備，將大體移至棺木時，小男孩對爺爺唱起了搖籃曲。

「你唱得真好。」我說。

「爺爺常常唱給我聽呢。」

蓋上棺木時，他先盯著爺爺的臉孔，然後說：

「爺爺，晚安。」

在愛孫的全程陪伴下，爺爺應該是帶著那份彌足珍貴的親情，邁向另一個全新旅程了吧。

喪禮結束後，我打電話給負責人。聽說小男孩在火化場也很穩定，真是太好了。

來自那個世界的朋友這個重要角色，我總算不負所托。

‧特急券‧

那天的「納棺師」是位四歲的小女孩。

對於擦拭大體時哭泣不已的家屬，她走上前一個接一個地柔聲勸慰。

「不要緊，奶奶只是稍微睡一下而已。」

她那句話又教人潸然淚下。

如此年幼的女孩也懂得安慰他人。我覺得人類這生物可真了不起哪！

另一場入殮，有一個五歲小男孩在送行準備期間，不斷在爺爺耳邊唱著以前常跟他一起唱的歌。

「爺爺，聽見了嗎？」

「我會永遠愛你的！」

他不肯離開爺爺。蓋棺時，奶奶說了：

「爺爺一定會變成星星啦。」

小男孩滿意似的朝棺內張望，撫摸爺爺的臉頰。
「你要不要做一張到星星的車票給爺爺？」
我一問，他就精神飽滿地應道：「嗯！」我把總是隨身攜帶的折紙遞給小男孩，他又去找了鉛筆。
〈ㄊㄜˋ ㄐㄧˊ ㄑㄩㄢˋ ㄧㄝˊ・ㄧㄝ・ㄅㄛ〉
他把自己寫的那張前往星星的「特急券」小心翼翼地放到爺爺合十的手掌中之後，心滿意足地點點頭。

某個失去奶奶的六歲小女孩，跟我說她有一件很擔心的事情。
「我奶奶呀，腳不好。在天堂走路會不會很辛苦？」
我於是提議道：
「那麼，妳就折紙鶴給奶奶，讓她疲倦時可以騎在鶴的背上好不好？」
小女孩的表情豁然開朗，專心一志地用我給她的折紙折起紙鶴來。
很溫柔、很溫柔的天使們，非常之多。

‧尿尿，噓～～噓～～‧

受病痛折磨往生的故人、奮鬥期間在旁守護的家屬，都曾因為孩童的話語得到救贖。

背部、雙手、雙腳等身體下方起水泡，破裂、滲出的大量液體有時會弄濕被褥。這亦是死後變化之一，但幾乎所有家屬都會深受打擊，我便用簡單明瞭、淺顯易懂的方式加以說明。

「長期的疾病治療過程，若是一直注射點滴，有時無法自行將水分排出體外，不過如此而已。這是當事人奮鬥到最後一刻的證據喲。而之所以能夠這麼努力，我想也是因為各位家人的存在。您們真的很努力了呢。」

小孩子有時也能聽懂這些說明，而他們另一種純真自然的詮釋，又顯得極其美好。

某個六歲的小男孩聽了我的說明之後，慢慢地站起來，把小手放在爺爺的肚子上。然後，輕輕地這麼說道：

「爺爺，尿尿，噓～～噓～～快尿，我會幫你擦擦。」

緊繃氛圍中硬擠出來的微弱聲音，教人鼻酸。小男孩對我說道：

「那個，以前爺爺一說噓～～噓～～我就會自然尿出來喲。」

旁邊雙眼紅腫的父親告訴我：

「我們是雙薪家庭……孩子是交給我父親帶的。一想到這孩子的傷心，就……」

啜泣聲從家屬中傳來。我對小男孩說道：

「不是再見喔。爺爺跟以前一樣，會永遠在你身邊。因為他是你的爺爺嘛。」

往生者在告別時展現的姿態，或許是給摯愛的最後訊息。有生必有死，正因如此，希望摯愛全力求生；雖然人生有起有落，希望摯愛笑臉以對；希望摯愛成為被愛之人——那是意義非凡、珍貴無比的訊息。

·巴哥犬·

近來有不少亡者生前疼愛的犬貓出現在喪禮現場；可是，亦有不少寵物在忙碌中被遺忘，或者在入殮時被隔離。我向來這麼告訴家屬：

「如果是當事人疼愛的寵物，那就是家人。我相信牠會想待在往生者身邊。要不要讓牠一起參加告別呢？」

這些寵物也是天使。

獲得自由的狗狗和貓咪，一溜煙跑到主人身邊。

先凝望主人臉孔，用鼻子、前腳做出「起來！你怎麼了？」的動作。牠們滿臉困惑。接著狗狗會「嗚嗚」哭泣，貓咪則偎著主人蜷縮成一團，就這麼寸步不離。

入殮結束後，我也會向狗狗和貓咪致謝，牠們則會直視我的雙眼做出回應。狗狗會抬前腳抱住我，貓咪則會磨蹭我的手，發出呼嚕聲，猶如在說：「謝謝妳照顧主人。」

我總是被牠們療癒。

某次前往一場高齡女性的入殮，由於家人離鄉背井，往生者獨自居住。

女兒哭著對經常去探望母親的護士吐露：

「我扔下媽媽一個人，所以媽媽是孤伶伶地死去。這搞不好是我的現世報。」

不是那樣的，護士這麼告訴她。

「這不是報應。因為您母親的幸福就是自己女兒得到幸福，我知道她是這麼想的。而且，您母親不是一個人，因為有這孩子在照料她。」

護士拚命撫摸一臉悲傷地瞅著亡者臉孔的巴哥犬小腦袋，說：

「謝謝你喲。」

巴哥犬的鼻子發出哼哼聲，傳達牠的哀傷。女兒見狀，說：

「現在換我好好照顧牠了，因為牠是照顧我媽媽的恩人哪。」

・小心惡犬・

某次居家入殮時，喪主事前交代：

「我們家有惡犬，請您小心。」

一進玄關，跟入殮房間相隔一段距離的客廳裡，有一個巨大黑影朝這裡窺伺——用那雙圓滾滾的眼珠子觀察我。

「惡犬看不到入殮啊。」

我邊想邊準備時，吠叫聲從遠處傳來。那聲音悲切莫名，我便對喪主說：

「既然是往生者生前疼愛的狗狗，今天的入殮也只有家人在場，就讓牠一起參加如何？」

那是一隻大型母狗。我們說好要是牠吠叫，就讓牠回到客廳，我便開始處理遺體。平常聽說叫個不停的牠，結果一聲都沒有吭，一直趴在亡者臉孔旁邊。

注視亡者臉孔的那副神情，顯得萬分悲傷。牠不停用鼻子去頂亡者，想要叫對方起來。

「妝會糊掉喔。」

也有人出聲制止，但我說道：

「妝糊掉也可以重畫，沒關係，就讓牠做自己想做的事吧。」

牠看著我解釋入殮流程時的臉孔，傳來一種「我有在仔細聽！」的訊息。

惡犬到最後一刻都乖巧地陪在亡者身旁，我要離開時，牠才挨了過來。然後，令人詫異的是牠在我眼前翻肚，一會兒露出腹部，一會兒露出頭部和背部要我摸摸牠。喪主全家也都十分驚訝。

（這一定是入殮的答禮。）

牠很清楚那是在跟摯愛道別，也知道誰是對主人好的人。

狗狗和貓咪都一樣。這種不耍手段、單純基於熱愛的深厚信賴關係，讓我學到很多。

・我也想待在旁邊・

「雖然兒子說我老年痴呆了，可我不會打擾妳的，我想待在老伴旁邊。」

曾經有奶奶這般流淚訴說。

老年痴呆症絕非可恥之事。對我來說，他們反而像流露純真感情的天使一般；可是，入殮期間遭到隔離的例子屢見不鮮。我想部分也是顧慮到他們可能會打擾旁人；話雖如此，一聽見有人喟嘆：「我也想待在旁邊。」我就忍不住去迎接。

我會牽著對方的手，帶他們過來，並讓他們一直待在我身邊。有時跟家屬溝通後，化妝期間也能讓他們一同參與。摯愛之死將加深家人間的親情，正因如此，我希望所有人都在場。

或許是平日照護很辛苦吧，兒女有時不禁對痴呆症的雙親口出惡言，有些已長大成人的孫子便開口勸道：

「別罵了啦，接下來換我讓奶奶過好日子。」

喪禮期間，不少孫子也接手辛苦的溝通工作。

某次大型喪禮，因為入殮的觀禮人數眾多，平常跟亡者相依為命的老奶奶，卻不被容許出席。

「入殮觀禮有困難的話，至少在那之前，能否留一個時段給奶奶呢？」

入殮前跟媳婦商量結果，我們在其他房間留了一個時段給奶奶；然而，不明就裡的兒子突然進到會議室來。

「媽，妳會打擾納棺師，不能待在這裡喔。納棺師，她痴呆了，抱歉，我現在就趕她走。」

我立刻回道：

「對不起，是我拜託她留在這裡的，可以嗎？」

「原來是這樣，那就沒關係。媽，別打擾人家喔。」

我悄悄對奶奶說：

「交涉成功！請您盡情待在爺爺身邊吧。」

奶奶欣喜萬分地握住爺爺的手。

「您很愛爺爺呀。」我試著問道。

「嗯，妳看出來了嗎？」

她雙頰泛起了紅暈。

「我的老頭兒，死啦～～一直照顧我，大概是累了。」

她就這麼握著爺爺的手說道。

「就因為爺爺愛您，才無怨無悔地照顧，不是嗎？這是愛的證據哩。」

「妳覺得爺爺幸福嗎？」

「當然了！我可以信心滿滿地說，爺爺生前絕對很幸福。」

「是嗎，妳這麼覺得嗎？」奶奶放聲大哭。

這時，兒子和孫子進來了。孫子望著奶奶的臉，默默地說：

「奶奶變成自己一個人了耶。」

孫子的父親，也就是奶奶的兒子聞言，不由得哭出聲來。大概是各種感觸一齊湧上心頭吧。然後，他說了這麼一句話：

「媽，咱們一起住吧？」

奶奶對兒子的提議先是愣了一下，接著淚如泉湧。

「我忙於工作，總是對媽亂發脾氣；但是，我不能把媽一個人丟著不管。」

面對亡者，一股美好氛圍在室內蕩漾。果然是母子啊！我暗忖。

Chapter 5

最後的話語

‧她是我最後的女人‧

若是夫婦的送行，我必定會問一個問題。

「您愛他嗎？」

這麼一來，他們就會告訴我各種不同的想法。

「我還想再跟這個人結婚。」如此淌淚告白的妻子。

「請不要忘了我。」這般哭訴的丈夫。

「你就會給我添麻煩！」一邊拍打丈夫的頭，一邊號啕大哭的妻子。

痛哭著想要入棺相隨，而被旁人拉住的丈夫……

我可以想起許多印象深刻的場景。

某次前去入殮時，傳來一陣歌聲。

「縱然是多麼冷淡的分手～～妳仍是我最後的女人哪～～」

丈夫對往生的妻子唱著山本讓二的演歌《陸奧獨自旅行》。

「我啊，真的很喜歡孩子的媽哪……」

話聲此時頓了一下。

「可是呀，孩子的媽可能不喜歡我。」

丈夫冷不防涕淚交加，哇哇大哭。

「你在說什麼！媽這麼重視你，當然是很愛你呀！」

女兒怒不可遏地駁斥。

「沒啦，我只是想聽妳這樣說嘛！因為這首歌是我常唱給妳媽聽的。」

眾人哄堂大笑。

另一次入殮，在我處理遺體的期間，一道熱切的目光猛盯著我的手，真的非常認真。那是失去妻子的一位老先生。

「要是有什麼在意的地方，別客氣，請說。」

「不，謝謝您弄得這麼漂亮。這可是我最重要、最重要的老婆哪！我要把現在這段時光牢牢記在腦子裡。因為喪禮一結束，就變得很寂寞了嘛，到時再回憶這段時光，好好大哭一場。所以，我要把一切景象烙印在眼裡。」

老先生這時早已熱淚盈眶，身旁的妹妹接口道：

「我哥真的很喜歡大嫂呢，因為她是很好的人。」

老先生聞言放聲大哭。由夫妻話題起頭，周圍人們開始聊起亡者生前是怎樣的人、夫妻感情是多麼融洽。那是家族全員共同營造出來的時光。

相遇、結婚、生子、共享喜悅，既有開心之事、快樂之事，亦有艱辛之事、困苦之事，人生充滿了各種意外。有起有落，但眾人一起克服困境的回憶，不但銘心刻骨，亦十分溫馨。

夫婦的、家族的、親子的送行，真的非常悲傷；然而，正因如此，好好抒發情緒是很重要的。那亦是將亡者「曾經存在的故事」繼續傳遞下去，我是這麼認為的。

・情書・

往生者是名中年女性。

「真是神乎其技!把我心愛的老婆恢復得如此美麗,讓我想起我們初遇的時候呢。」要離開時,喪主哭著說。

我這麼答道:

「夫人很幸福哩,您這麼愛她。」

「妳真的這樣想嗎?」

「當然了,我也是女性,打從心底這麼想喲。」

是嗎?是嗎?丈夫一邊說,一邊不斷撫摸妻子的臉和手,又潸然淚下。我感到他妻子是真的被深愛著。能夠促成一場美好的告別,真是太好了!我衷心這麼認為。

某次入殮,我一到現場,就看到高齡丈夫摟著亡妻哭泣。景象委實教人心酸。我便提出一個建議。

「您要不要寫封情書給夫人呢？」

我經常建議夫妻給對方寫告別情書，而幾乎每個人都會寫。妻子寫給丈夫的情書很棒，不過丈夫寫給妻子的最後一封情書亦很美，很多丈夫會寫，其實自己比妻子更需要對方。

或許因為是最後的最後，才能夠誠實以對。這亦是目睹夫妻鶼鰈情深的瞬間。

然而，那個高齡丈夫的回答卻出人意料。

「我沒有學過字，不會寫哪……」

我便請孫子代筆，孫子滿口應允，但——

「我還是想自己寫，你教我寫字吧。」

丈夫於是開始跟孫子練習寫字。

「您慢慢來沒關係，只要趕上棺木從家裡出發的時間就好。」

「可是，要寫什麼才好呢？」

考量丈夫的能力，避開複雜的漢字似乎比較好。

「用平假名寫『我愛妳』不是很好嗎？因為夫人確實是被您愛著。女性無論何時，都希望聽自己愛的人說『我愛妳』。」

丈夫練習寫「我愛妳」的便條紙累積到十張左右時，我又建議：

「要不要把這些練習用紙放進去呢？對於女人這種生物來說，這個練習才是最有價值的東西，這是愛的證據。」

家族中的女性們聞言，紛紛表示贊同。

可是，仔細一看，「我愛妳」寫成了「找愛妳」；「我」寫不好，結果變成「找」。孫子說：「還沒完成。不再多練習一下的話，爺爺寫不出『我』字。」女性同胞們卻鼓譟道：「這個好！這個才好！」

「我」也好、「找」也好，我也覺得確實一點關係也沒有。對妻子而言，「找愛妳」說不定還更開心，因為那裡面充滿了丈夫最真摯的愛。那是非常棒、非常棒的情書。

出殯時，聽說禮儀公司的負責人把這些情書牢牢放在妻子手裡，成為最完美的送行。

•一百分•

每當遇到跟我同年齡的同性往生者，入殮時總有種滿腔悲憤的感覺。許多時候是留下孩子撒手塵寰，而我身為兩個孩子的母親，不免會想像那是多麼地難受。對亡者如此，對孩子亦然。

為了不讓孩子觸摸到母親冷冰冰的身軀而受到打擊，我會先按摩、溫暖亡者的手，接著才將孩子們喚來。若是年紀很小的孩子，無人呼喚的話，就不會走近遺體。身處於這種被大人圍繞、未曾經歷過的異樣氛圍，他們都很緊張。

某次入殮時，三個讀小學的孩子乍看之下毫無異狀。我心想這很危險，是緊急情況——他們還沒接納死亡。

幸好遇到非常貼心的禮儀公司，特別交代我，希望在入殮後，給他們一個好好向母親告別的時間。讓他們面對母親，觸摸遺體，瞭解死亡的事實。女性親戚們亦從旁協助。

「現在呀，是可以盡情觸摸媽媽的時間喔。」

我這麼一說，他們終於拽著母親的身體，大聲哭泣。

我花了很多時間，不但讓他們參與更衣，也讓他們參與化妝。移靈時，孩子們把頭靠在母親胸口，母親手臂則環繞在他們後方，做最後的擁抱。不願分離的孩子們拚命哭著向母親說話的身影，親戚們見了也不禁啜泣。

母親給的愛越多，孩子流的淚也越多。想要觸摸母親，把母親的手貼在自己臉頰上不放。

「媽媽的心情是怎樣呢？」

其中一個孩子問我。

「我想就跟大家的心情一樣吧。」

「是喔。」

「你要永遠愛著媽媽喔。」

「可以嗎？」

「可以呀！」

「太好了，呃，我會在夢裡見到媽媽嗎？」

「會的，只要不斷想著媽媽，就一定可以見到。不要放棄喲。不過，你平常也可以對媽媽說話呀，跟媽媽說：『我考了一百分！』」

「咦，我考不到一百分啦！」

「騙人（笑）。加油喔！為了媽媽要努力。」

我覺得不必強迫自己忘卻亡者。從現在的生活，慢慢地、一點一滴地向前邁進就好。

難過時不要壓抑，可以盡情流淚，可以盡情回憶過去。

‧好不容易長大成人‧

交通事故的入殮，總令人胸口鬱悶不已。

那一天的任務現場，一眼即知是非常嚴重的事故。

整個頭顱，包括眼睛、鼻子都是被繃帶層層纏繞的狀態，幾乎看不見臉孔。

那是名年輕男子。手腳都扭曲至不合理的方向。父親流著淚向我鞠躬。

「可以請您再讓我見兒子一面嗎？我想要見他，跟他道別。」

遺體狀態慘不忍睹；即使如此，我還是花了一個鐘頭進行修復。我心想連我都放棄的話，一切就此結束，最後靠著毅力完成。

我喚來父親，父子相見後，他流下了男兒淚。

「見到了。太好了。就像睡著一樣。」

聽說他們是單親家庭。哥哥和妹妹也在場，不斷地握住弟弟的手。他們帶來弟弟每週固定購買的電視週刊，說想放進棺木裡。

因為右手複雜性骨折，僵硬得無法彎曲、無法合掌，我便把電視週刊擺在胸口，以左手壓住。

這時，兄妹突然號啕大哭。

「這小子，以前都是像這樣子拿著走的。」

蓋棺前，我問他們還有沒有想要修復的地方。

「腿下面變得黑黑的，是瘀血嗎？」

「不是。那個叫屍斑，是在告訴我們，當事人『生前很健康』。」

「是嗎？幸好有問妳，我還以為是瘀血。」

哥哥很難過地告訴我，喪禮前一天，離婚的母親前來，指著父親說「殺人凶手」就回去了。

「您母親大概是沒有宣洩悲傷的管道吧。」我如此回答。

白髮人送黑髮人，這是很痛苦的事。

我一邊揣摩含辛茹苦將孩子拉拔到二十來歲的父母是何種心情，一邊進行大體修復。事故也好，自殺也好，家屬的心情真的很煎熬。

我總是先讓他們擁抱那長大成人的身軀。無論幾歲，孩子永遠是孩子。

・孤獨死和照護・

有時候會遇到老年人的孤獨死。亡者多半是死後三天到十天左右才被發現。透過亡者的表情和死後變化等訊息，便能得知當事人臨死前的狀態。

「啊～～是在沉睡中死亡的呢。」有這種情況。

「大概有受一點苦吧？」偶爾也會這麼覺得。

「他曾經痛苦掙扎嗎……」有時也有這種感覺。

正因如此，我也會心痛。因為極其希望亡者能夠恢復笑容，故而以此為目標處理遺體。完成任務後，若是對亡者說：

「您的笑容很美呢。」

「謝謝。」

彷彿會聽見對方這麼回答。那就像是在最後的最後結了善緣的玄妙感。全神貫注在亡者身上，總覺得可以感受對方傳來的溫情。一握住手，不知為何有時就難以鬆開。

獨居這件事，我認為不是任何人的錯。尤其是曾經跟家人溝通，或者當事人決意如此的情況。

可是，聽說獨居有時會忽然感到寂寞，孤獨感猛烈襲來。有時可能十天、二十天、一個月都沒有跟任何人交談。這種情況下，有些人會受不了而選擇自殺。正因如此，我希望獨居者可以借助社福機構的力量，盡量向社福人員或公衛護士尋求協助。

實際接觸孤獨死，發現不少往生者雖然獨居，參與喪禮的人數卻多得令我訝異，亦有鬆了一口氣之感。

另一方面，共同生活的高齡夫婦裡，其中一方接受照護，另一方負責照護，結果後者猝死的案例也逐漸增加。老年人，特別是大正、昭和初期出生者，許多是忍耐再忍耐、努力再努力的性格，從他們的死後變化就看得出來。

「如果開口向誰求助就好了……」

我一邊對亡者這麼講，一邊進行處理。令我震愕的是，也有不少人並未申請看護。許多人似乎不曉得可以向社福機構求助，或者不瞭解那個程序。

某個照料妻子時猝死的男性，表情痛苦不已。處理完畢後，按摩使其恢復了安詳神情。匆忙趕來的家屬哭道：

「他在微笑！照護生活明明那麼辛苦啊。」

「照護很快樂。」曾經也有妻子在入殮時笑著對我這麼說。替丈夫化妝時，妻子一起進行臉部按摩、保濕、上妝，然後喜孜孜地微笑道：「他很有男子氣慨吧？」

希望獨居和照護，能夠變得對高齡者們更加友善。我在入殮現場也如此祈禱。

Chapter 6

那一天

3·11

‧3／11 黑茫茫的夜‧

搖晃開始時，我正在岩手縣北上市的公司事務所爬室內樓梯。腦海中最先浮現的是數天前發生四級地震時，手機斷訊這件事。因為家裡有臥病在床的母親，我平常就會抽空打電話問家人關於母親的情況。那次地震讓我深深體會到，無法跟家人取得聯繫是多麼不安。

在劇烈搖晃而無法站直的狀態下，我立刻拿起手機，撥給此時應該在家的國一女兒。單親媽媽的我，跟兩個小孩和雙親五人同住。我父親這天外出工作，女兒獨自看著我母親。

「我是媽，還好嗎？」

搖晃依然持續。

「當然不好啦！」

女兒大概是極度害怕，用顫抖的聲音答道。

我邊講電話邊下樓，只見事務所內部被震得面目全非。辦公桌上堆積如山的文件幾乎都掉落地面，整個亂到無法靠近的程度。而且，搖晃還沒停止。

認同我的參與型入殮，而辭去其他禮儀公司的工作，跟我一同成立公司的社長祕書菊池秀樹，拚命按住快要從桌上掉落的電腦；可是，最後沒能成功，電腦還是摔到地上。

我家應該也是搖得這麼厲害，之後說不定還有餘震。收納在頭頂上方的東西有可能掉落，家具也可能傾倒。我對女兒說道：

「總之，妳先到室外。好嗎？知道了嗎？」

我交代完這句，就切斷手機，跟公司同事一起離開室內。這是我未曾經歷過的大地震，我們這棟建築後面的水泥外牆也倒了。

到了室外，有一件令我擔心之事——這附近跟我們有來往的老年人，誰也沒有出來。

賣香菸的老婆婆、理髮店的老爺爺、住在後面的房東……公司同事決定分頭去確認六位獨居老人的情況。首先，打開跟我們相隔兩戶的老婆婆家大門，呼喚後，傳來精神飽滿的回應，我這才鬆了一口氣。朝下一間屋子前進時，義勇消防隊的車輛已經在路上行駛，車裡可以看見穿著法被（注）的義消隊員。

地震發生後二十分鐘左右，本來想先整理事務所，但實在無心辦公。其他同事也有小孩。小學平常有校車接送，可現在也不曉得會變成怎樣。我覺得親自去接孩子比較妥當，就決定結束這天業務，各自解散。這時也已超過三點半了。

我鑽進停在公司附近的車子，朝約十分鐘車程的自宅前進。因為停電，紅綠燈沒運作，城市籠罩在一種詭異的寂靜氛圍中。我記得幾乎沒有遇到對向來車。途中應該有看到受災狀況，但毫無任何記憶，完全沒有餘力注意周圍事物。

壓垮我的最後一根稻草是手機傳來的緊急地震快報。那聲音在車內大肆作響。我心怦怦跳個不停，心急如焚。必須先回家確認家人平安，然後必須去接小學四年級的兒子……總之，腦子裡淨想著這些事。

到家附近時，看見坐在輪椅上的母親和女兒正在室外避難。雖說是早春，岩手縣仍然很冷。母親全身裹著毛毯，女兒穿著單薄的衣服，直打哆嗦。她說家裡亂成一團，想進室內找件夾克也沒辦法。

先不管家裡如何，必須先去接兒子才行。我讓輪椅上的母親、全身發抖的女兒，以及女兒找到的我家貓咪——沙布上了車，前往約十分鐘車程的小學。

我也幾乎沒有這時的車內記憶。只記得難得可以搭車的母親心情頗佳，以及沙布一直動來動去靜不下來。接近小學時，開始塞車了。

好不容易抵達學校，我把車子停在對外開放的操場，獨自下了車。周圍家長紛紛走向體育館，小朋友們好像是在那裡集合。每學年一班，每班三十多人，全校學生約兩百人。一進體育館，隨處可見相互擁抱的父母和子女，小朋友們都在哭泣。

兒子一見到我，也是小臉一皺，撲向我哭喊：「我以為妳不來了！要來的話就說一聲妳要來嘛。」我輕輕摟著他，說：「回家吧。」

這時既已過了四點。不能在狹窄的車裡過夜，何況還有臥病在床的母親。必須在天色變黑前，把家裡稍微整理一下，騰出一個可以休息的空間。我沒有準備防災用品，也不曉得手電筒放在哪裡，我對自己的粗心感到羞慚，但也於事無補。

注：法被，日本傳統和服上衣，許多義勇消防隊將之當成制服。

到家後，我讓大家留在車上，一個人提心吊膽地踏入家門。光是從玄關窺探，一眼就能看出情況悽慘。客廳的書櫃和斗櫃傾倒，碗櫥門似乎開了，只見玻璃杯散落在地，到處都是碎片，慘不忍睹。

走進母親房間的瞬間，我由衷感激迅速將母親帶到室外的女兒。八成是餘震所致，只見家具倒在床上。假使母親就那樣躺在房間，鐵定會受傷。

幸好我那六坪大的房間受災程度較輕，唯一困擾的是地板淹水了。罪魁禍首是放在煤油暖爐上防止乾燥的大水桶。劇烈搖晃下，桶裡的水到處飛濺。

擦乾地板積水，將母親房間的床鋪移來，又從其他房間拿了被褥，總算確保了睡覺空間。就在此時，父親也下班回來了。我請父親看著家人，獨自去找食物。停電狀態也無法煮飯，必須有可以立即食用的東西。

然而，我遲了一步。超市早已關門，還有營業的便利商店也幾乎被掃空，我大受打擊。找了好幾家便利商店，才買到十二個裝的甜甜圈和袋裝零食回家。

絕大多數的加油站在此時都已關門這件事令我印象深刻。車子只剩下一點汽油。我家不但位於都市邊陲，而且在山區，車子就是生命線之一。

天色已經黑了。父親準備了手電筒，也找到收音機；但沒有電池，無法收聽。我們也沒有待在車上看電視，因為不想浪費汽油。這天真是精疲力竭，稍微吃了一點乾糧，就在黑茫茫的停電夜晚八點，跟孩子們一起睡了。

・3／12 凍結的城市・

早上六點，我和孩子們一起醒來。

這天一早就有入殮工作。昨天地震後，一直打不通的電話終於接通時，就接到這件委託。

因為才剛發生大地震，也可以選擇拒絕，畢竟接下委託就等於要消耗吾家生命線——汽油；可是，不去入殮的話，將有人感到困擾。我想要幫助他們。

驅車前往委託目的地盛岡市。電力尚未恢復，紅綠燈完全停擺。

路上幾乎看不到其他車輛，多數人恐怕都不想浪費汽油吧。也幾乎沒看到什麼路人，總覺得有種異樣的感覺。城市，猶如凍結一般。

中午過後結束入殮，再度返回北上市。

沒有電、也無法看電視的我們，這時對東日本大地震的災情仍然一無所知。不，或許沒有多餘心力去瞭解也是事實。

水、電、瓦斯等生命線完全停擺，車子的汽油也不知何時就會用完。在這種情況下，該如何跟孩子們及父母熬過？我滿腦子想的都是這些。

盛岡回程上，只見加油站外的車陣排得老長。這時還是飄雪的季節，除了車子的汽油之外，也有不少人需要添購煤油。停電時，如果沒有煤油暖爐，人是會凍僵的。返抵北上後，我在事務所門上貼了一張公告：「有事請在門上張貼留言。」因為停電，電話也不通。

這時完全不曉得水電何時能夠修復。

・3／13 令人震驚的影像・

岩手縣和秋田縣的交接處，有一座古老的淨土真宗寺廟「碧祥寺」。這天早上，碧祥寺的副住持太田宣承師父來電。開口第一句話不是「您沒事嗎」，而是「終於打通了」。這兩天就是這種連手機都很難打通的狀態。

宣承師父同時在其父創立的老人養護中心「光壽苑」擔任副苑長。我也對醫療從業人員進行演講和講座。光壽苑的女性護理人員某次出席活動之後，向宣承師父提起我的事，因而開啟我們的交流。

宣承師父的養護中心亦十分重視「送終」，致力維持往生者的尊嚴。正因為是這種養護中心，女性護理人員也才對我產生興趣。

他同時也是地區青年領袖。除了提供人們面對生死的機會，更為了活化地方，舉行培育青年的各類活動，而我也有幸參與其中許多活動，交了許多朋友。

宣承師父雖然比我年輕，穩重程度卻令我望塵莫及。

他擔心我在地震後的情況，所以打電話來。

令我驚訝的是，就連那般活躍的宣承師父亦無法掌握地震災情。他表示：總之想去一趟據說發生了海嘯的沿岸地區。因為那裡有認識的寺廟和社福機構，宣承師父想去支援。然後，他問我要不要一起去。

下午，我去了公司一趟，回程接到菊池的電話。他說自己在車上看了電視才曉得大事不妙，叫我最好看一下。

我這時初次看了電視影像，非常令人震驚。海嘯不斷湧上宮城縣的平原，眼看火柴盒般的車子即將被吞噬時，我移開目光。不能讓孩子看見這影像。既然宮城變成這樣，岩手又是如何呢……一股巨大的不安油然而生。

‧3／16 沿岸地區的來電‧

地震後第五天。昨天終於恢復供電，總算可以看電視了。人們逐漸得知岩手縣受災慘重；不過，新聞仍未報導具體的被害情況。

因為工作，我也經常造訪遭到海嘯侵襲的沿岸地區，有許多深受關照之人。我亟欲得知他們是否平安無事，卻害怕得不敢打電話。要是撥不通的話……一想到這些，就怎麼也無法拿起話筒。

就在此時，我十分熟悉的一個沿岸地區——岩手縣宮古市的友人打電話來。

「宮古大事不妙了！」

友人的聲音透著一股非比尋常的氛圍。

「我找到市公所的人了，現在請他來講。希望妳能聽一下。」

接過電話的市公所人員劈頭就說：「我們沒有食物，真的很煩惱接下來該怎麼辦……」

我的汽油即將用罄，地震第三天便不再接受委託，因為想去也去不了；然而，對方用我迄今未曾聽聞的急迫聲音懇求：「我們沒有食物！」

我正想告訴對方自己會盡力收集物資的那一瞬間，電話斷了。之後怎麼回撥都撥不通。

這天開始聽到岩手縣也有許多人死於海嘯的消息；可是，仍然只有片段資訊，無法掌握整體情況。

不久，我得知了不可撼動的事實——局勢非常嚴重。

岩手縣警局的刑警友人告訴我，屍袋根本不敷使用。沿岸還有許多人在哭叫著尋找親人……

事態非同小可；然而，我依舊無技可施。

・3／19 前往現場・

原本最擔心的汽油問題，以一種意想不到的途徑解決了。

東北地方北部的自殺率在地震前就很高。對此有危機意識的宣承師父和我，為了傳達生命的可貴，舉辦了一場聚會。曾經參加該聚會的某個人，表示願意提供援助；他家是大型農戶，有許多農耕機具用的儲備汽油。此舉就像是及時雨，公司和家裡的車子均加滿汽油，甚至還借了暖爐用的煤油——就在我們決定隔天去沿岸支援，正煩惱找不到汽油的時刻。

清晨六點半，宣承師父、養護中心員工、我和菊池四人出發了。兩輛車子盡可能裝滿救援物資，目的地是宣承師父友人位於大船渡市的社福機構，以及陸前高田的寺廟。

從北上到大船渡的車程約兩個鐘頭。路上幾乎看不到其他車子，偶爾錯身而過的全是警察或自衛隊的車輛。沿路並未遇到路檢。

前往大船渡的道路海拔高低落差甚大，車子行駛了約莫一個半鐘頭。儘管已經接近海邊，不過位於高地的道路並未受損，我甚至懷疑：「海嘯真的來過了嗎？」

然而，離開高地進入下坡路段，看到海的瞬間，景象驟然一變。只見房舍擠向山地，從斜面凸起。那景象怎麼看都很詭異，大量房舍被海嘯推擠到山坡這邊。眼前淨是一座又一座的瓦礫山。然後道路進入高地，又是一條彷彿什麼事都沒發生的山路；接著又是下坡，抵達海拔較低的路段時，眼前是一大片被海嘯破壞得滿目瘡痍的房屋殘骸。

大型村落內可見正在鏟除瓦礫開路的自衛隊。海拔高的地方安然無恙，地勢低的地點則一塌糊塗，景象就這樣重複不停。

宣承師父最後在一個位置稍高的小山丘停好車，默默無語地下了堤防，朝海邊走去。我們亦跟在後方。

過去這裡曾經有港口，曾經有魚市場；而今，所有建築消失不見，被海浪打上岸的大量巨型貨櫃和圓木散亂四處。

城鎮毀滅了。

那是我出生至今從未見過的景象。一切都消失了。究竟發生了什麼事？我開始陷入混亂。

海水混著汽油的異樣氣味飄來。風一吹，就刮起塵土，遠方變得模糊不清。我感到喉嚨刺痛，眼睛有些睜不開。

「大概死了很多人吧。」

宣承師父說完，繼續向前走。然後，驀地停步。

「我來替往生者唸經吧。」

他說了這麼一句。

海邊風勢強勁。為了不讓線香熄滅，我們撿來瓦礫擋風，也做了臨時板凳。

宣承師父蹲著更衣，換上簡易式僧袍。他一開始就打算到此祈禱。因為還有家屬在附近尋找生還者，他大概覺得僧侶在此焚香唸經可能讓人不舒服。這種顧慮很有宣承師父的風格。他開始低調地蹲著唸經。

線香煙霧瀰漫在僧袍周圍，寂靜中響起肅穆的唸經聲。我們也靜靜合掌。

一回神，四周聚集了許多人。有人悄悄對著唸經的宣承師父合掌流淚，也有人在稍遠處雙手合十。

我重新體認到發生了非同小可的事情。

地震第八天，仍有許多民眾找不到親人。一想到家屬的內心傷痛，我就胸口一酸。

我們回到車上，前往宣承師父友人的寺廟，見到師父認識的社福機構主管。海嘯襲捲了這位護理主管任職的機構。一聽見警報，眾人馬上開始避難，但正在移動臥床和坐輪椅的民眾時，慘遭海嘯侵襲。

他倖免於難；然而，惡夢才剛開始。每天都在搜尋被沖走的機構居民。他垂淚訴說自己一邊哭，一邊呼喚居民名字，不斷拉出那些被沙子掩埋的遺體。如此難以置信之事，卻在現實中發生了。接連目睹居民喪生的這位主管，該是多麼痛苦呢？

宣承師父替我們準備了飯糰當午餐。由於時間寶貴，我們就一邊朝陸前高田前進，一邊在車內用餐。沿岸道路上，海嘯侵襲的痕跡觸目驚心，建築物被破壞得慘不忍睹。我想起數天前，聽見新聞廣播的死亡名單。當時約莫二十來人，而今目睹這裡的實際情況，怎麼都不覺得只有那種數字。

車子行駛了一個鐘頭左右，我和開車的菊池沒有說過任何一句話。那殘酷的景象彷彿永無止境。

一行人抵達陸前高田，朝宣承師父友人位於郊區的社福機構前進。那裡的災民多達七百人，卻連食物和毛毯都沒有，大家都睡在瓦楞紙上。我們把藍色塑膠布、糧食、毛毯等等塞滿車子的物資交給他們。

之後，打算進入市區時，聽說車子無法開進市中心，我們便將車子停在市區附近的高地，在瓦礫堆之間走了三十分鐘左右。

最後，我們對眼前那片景象倒抽了一口氣。目睹海嘯襲捲陸前高田的實際情況，我們再度啞然失色。從海灣到山腳為止，綿延約十公里的整座城市消滅殆盡。

遠處可以看見加油站的巨型看板，高度近二十公尺吧。那看板下半部發黑，是海嘯的痕跡。

大腦可以理解海嘯漲到那個高度，這雙眼睛確實見到了事實；然而，心裡無法接受，彷彿踏入一個異次元世界。

走在我旁邊的宣承師父默默說道：

「我想有許多人還留在這裡。」

他的步伐很輕，宛如蜻蜓點水般走著；我也放輕腳步。

不久天色轉暗，我們迷失了方向。比人高出數倍的巨大瓦礫山猶如一座迷宮，大腦終於亂成一團。這究竟是怎麼一回事？是現實？抑或夢境？

宣承師父猛地停步，點燃線香，又唸起經來。祭拜完，他繼續向海邊前進，朝海面再次祭拜，我們也跟著合掌。大家都默不作聲。太陽西下，這天決定在車內過夜。

我們把車子停在陸前高田災害應變中心附近的道路，吃過泡麵後，在車內躺下休息。

天氣很冷。因為不想浪費汽油，無法一直開著引擎。我蜷縮在睡袋裡，就這麼哆嗦到天亮。

・3／20 臨時太平間・

天亮了。由於寒冷，以及初次目睹災區的震撼，我幾乎一夜無眠。

宣承師父他們聽說分配救援物資的人力不足，決定去幫忙。原本是學校餐廳的災害應變中心，如今不僅成為自治體、消防和警察的據點，也進行物資分配。

我和菊池也可以去那裡幫忙，但我還有一件牽掛之事——遺體是如何處理呢？附近多半有太平間。我覺得自己必須趕去，那裡或許有我幫得上忙的地方。

詢問在災害應變中心附近燒柴取暖的人後，得知太平間的位置。聽說市區兩端各有一個，我們便驅車前往其中之一的米崎中學體育館。

米崎中學位於約十五分鐘車程的高地。操場對外開放，成了停車場。我走向充當臨時太平間的體育館時，冷不防看到一幕驚人景象——兩位高齡男性正將用毛毯包裹的遺體搬上貨車載貨台。

遺體一般是由禮儀公司以專車運送。後車門打開之後，眾人先合掌默禱，再將遺體搬入車內，車門關閉時亦深深一鞠躬。遺體由專業人員這般細心對待乃是天經地義之事。無論是從醫院到家裡或殯儀館，還是之後送往火化場，為了維護亡者尊嚴，包括靈車在內，均是使用專車。

然而，這裡無法那樣進行。家屬在警方協助之下，將藍色塑膠布包裹的遺體搬上貨車；但，或許是覺得只有藍色塑膠布會冷吧？我看到的遺體則是家屬用自備的毛毯小心翼翼地裹住。

貨車沒有立刻發動。男子在載貨台上，輕輕摟著遺體。很冷吧？很寂寞吧？大家都等著呢，咱們一起回去吧。我彷彿聽見他那麼說。

就在此時，一輛巴士駛來。下車的是滿臉疲憊的成年人們。

岩手縣太平洋沿岸有許多地方遭到海嘯侵襲，臨時太平間多達十幾間。陸前高田當時有兩間，並且有專用巴士往返其間。

那些乘客為了尋找被海嘯捲走的親人，搭乘巴士在各個太平間往返，憔悴亦是理所當然。

這時，又有一輛警方的卡車抵達，將新發現的遺體運到太平間來。地震後第九天，新的遺體仍持續不斷送來。

我和菊池在變成臨時太平間的體育館大門合掌，微微低頭進入室內。昏暗的體育館內部，約有一座籃球場那麼大。

入口沒有接待人員。進入後向右側望去，只見體育館地板上鋪滿了塑膠布。上面排放著裝在屍袋裡的遺體，大概有四十具吧。

一次看到這麼多具遺體，就連擔任納棺師的我也是頭一遭，非常震撼。到了這個地步，照理應已理解發生了駭人聽聞的災難；話雖如此，那個事實和眼前景象無法連結。在異樣的氛圍和寒冷中，我陷入一種時間靜止般的錯覺。

為了方便家屬尋找親人，屍袋上方的拉鍊打開，露出臉孔。供辨識身分的衣服和隨身物品則放在旁邊的塑膠袋裡，不是血跡斑斑，就是骯髒不堪，全部沾滿了沙子。

除了地板之外，典禮台上也排放著遺體。警方說那些是確認過身分的遺體，總共約六具。因為房子被海嘯沖走，家屬就算想帶亡者回家也沒辦法。

臨時太平間不可能二十四小時開放。只留下管理所需的警備人員，傍晚五點關閉。家屬不得不留下終於找到的親人大體，返回避難所。

失去親人的災民，住在毫無隱私可言的避難所，也不能成天哭泣。因為哭聲會打擾其他災民，許多人只得強自忍耐，更何況尚未找到親人的災民也很多。這種情況下，就算自己找到了親人，也不好表現得太開心。

無法讓亡者入殮，也無法帶亡者回家，甚至無法守在大體旁邊；不能傾吐失去摯愛的哀傷，亦不能流露尋獲親人的欣喜……

因為海嘯失去摯愛，家屬承受著三重、四重、五重的痛楚，是多麼難受？多麼懊喪？多麼辛酸？我找不到可以形容的話語。

我走在變成臨時太平間的體育館，雙手合十，對一具具的遺體說道：

「願您早日見到家人。」

「若能早點見到摯愛就太好了呢。」

然後，我雙眼盯住一具遺體。那是一具小小的、小小的遺體。

因為成人用的屍袋太大，警方把下半部分折起來。那是個女孩，大約三歲吧。孤伶伶地放置在成年人的遺體間。屍袋的胸口部分寫著「身分不明」。

遺體既已開始變化，部分皮膚變成淡綠色。可能是被海嘯吞噬吧，女孩臉上有少許凹陷，以及許多小傷痕，整個身體也開始膨脹。

「我想替她修復！」

這是我首先湧起的念頭。見過無數送別的我，深知大體狀態對家屬心境有莫大的影響力。遺體狀態越糟，對家屬的震撼就越大，有些人甚至連摸都不敢摸。為了前來迎接她的家屬，倘使可以將她恢復成可愛的女孩……

修復大體的工具就放在車裡。我希望透過修復，讓這孩子早日找到父母。然後，希望他們盡情擁抱她。那樣的話，這孩子和家屬將會是多開心呢……

然而，我不能那麼做，因為法律禁止外人觸摸身分不明的遺體。「我是修復納棺師，想替這個女孩子修復大體。」我也向現場警方懇求，他們卻只是搖頭。

技術上可以達成，工具也都齊備。我很難受、很痛苦、很傷心，體認到自己的渺小，忍不住流下淚來。

離開太平間之後，我非常後悔。不管怎樣，我不是都該替那孩子修復嗎？父母看到那面目全非的模樣會做何感想？要是我有替她修復的話……

狀態是很糟糕，但鐵定可以恢復成非常可愛的女孩，絕對可以；然而，我卻無法那麼做，甚至連觸摸她都不能夠。

我為何如此無力呢……

中午過後，我們決定先回到收得到手機訊號的地點，也得查看公司的電子郵件。災害應變中心有移動式基地台，到那附近就能撥打電話和收發郵件。一抵達，手機立刻響起，是有業務往來的禮儀公司打來的。對方說有一個案件位於我們北上事務所和陸前高田之間的內陸地區，問我能否過去處理。

那是我第一場海嘯罹難者的入殮。

往生者是十七歲的高中女生。生前就讀沿岸地區的學校，避難所慘遭海嘯侵襲。聽說雖然總算回到家了，但大體損傷嚴重，家屬無法好好跟她道別。

為了來海嘯受災地，我穿了輕便的洋服。不過，就算只差一分鐘，能夠越快趕去越好。我決定不回北上，儘管失禮，還是穿著這身便服前往。我想至少換個黑色衣物，便借了菊池身上穿的黑襯衫。

下午兩點多抵達現場，亡者的父親、母親和奶奶在玄關迎接我們。父親表情僵硬，一語不發；母親一看見我的臉孔就號啕大哭，彷彿不明白究竟發生了什麼事的模樣；奶奶帶我們進入室內。

遺體連同屍袋置於棺內，拉鍊緊閉。聽說家屬尚未檢查遺體。單從此點也曉得他們受到極大震撼。

我先將坐墊並排於棺木旁，請菊池幫忙把遺體連同屍袋搬出來之後，拉開拉鍊，輕輕合掌。

「抱歉讓妳久等了。」

我說完，觸摸她那既已失去生前模樣的臉頰一陣子。

臉孔受損嚴重，也開始變色了。她雙親是多麼難受呢？我想大概一直無法直視遺體吧。

通常意外死亡或自殺的遺體，若是已死亡很久，也有許多是連同屍袋置於棺木內，家屬不瞻仰遺容，就直接火化。警方和禮儀公司往往也都是這麼建議，因為家屬多半目不忍睹；然而，我主張不要那樣做，因為我希望大家最後都能好好道別。若是看到故人生前的模樣，家屬便能好好說再見。

話說回來，女孩的模樣確實令人憐惜。襲捲谷灣的海嘯之所以可怕，是由於撞擊山壁的海浪翻轉入海之後，將形成巨大漩渦。大量瓦礫捲入其中，包括尖銳的瓦礫。

長髮沾黏大量沙子，也附著許多藻類。花樣年華的可愛女孩變成這副模樣……

我會讓妳恢復原本漂亮面容的，一定！我對她說道。

因為她是年輕女孩，我請菊池暫時到外面，小心翼翼地將遺體移出屍袋。我感到極度震愕，覺得無法對家屬說實話。

身體到處是被銳器割傷的痕跡，恐怕是咽氣後所受的傷吧。她很害怕吧？很錯愕吧？很冷吧……首次目睹海嘯的嚴峻，我止不住眼裡的淚水。我會幫妳全部恢復原狀，絕對讓妳變得漂漂亮亮的！我的信念越發堅定。

我先替大體淨身，接著清洗頭髮。熱水對遺體不好，所以要使用冷水；暖氣同樣會加速腐敗，所以請家屬關掉暖爐。手指凍得僵硬，無法靈活移動。清除糾纏髮間的沙子和藻類需要極大耐性，我一而再，再而三地更換臉盆的水，持續清洗頭髮。

水用完時，我就將臉盆拿到走廊，呼喚菊池。他不斷搬來乾淨的水。父親和母親則一直沉默不語地坐在房外。

「爸爸、媽媽都在等妳，奶奶也在喲。妳不是一個人，一點都不孤單喔。」

我一邊這麼對她說，一邊進行修復。頭髮裡的沙子真是頑敵；不過，反覆不斷的清理過程中，我也掌握了清除沙子和藻類的祕訣。我清洗了十次以上。她嘴裡也有許多沙子，我打開遺體口腔，輕輕洗淨。

「妳很害怕吧？不過，妳很努力呢。沒事了，妳安心吧。」

費時近兩個鐘頭，終於修復完成。奶奶表示希望讓她穿長袖和服代替壽衣。上了淡妝的亡者恢復微笑，再換上長袖和服，就成為可愛的高中女生。頭髮也變清爽了。

我將家屬喚來。閉眼微笑的女兒，十分可愛。

當先進房的母親，大喊女兒的名字，撲在遺體上。

一直悶不吭聲的父親則雙肩顫抖地凝視女兒的臉。過了片晌，父親竭力擠出的話語也教我紅了雙眼。

「爸沒能保護妳，抱歉了。」

我想到為人父親的溫柔。女孩父親的眼裡落下大粒淚珠；可是，哭泣是很重要之事，能夠哭泣是必要之事。大體修復正是為此存在。

女孩的爺爺和弟弟也進來瞻仰遺容。包括父母在內，大家開始跟女孩說話。話匣子一開，也恢復了女孩生前的家族關係。

奶奶愛憐橫溢地撫摸孫女的頭。

然後，轉頭對我這麼說道：

「真的、真的謝謝您。我孫女終於回家了。」

奶奶淌淚擠出這句話。我一句話也說不出來。

我和菊池事後花了一個多鐘頭返回北上市，兩人一路上都默默無語。

・3／21 五重之苦・

初次造訪臨時太平間時見到的那個三歲女孩，一直在我腦海盤旋不去；然而，隨著事情接踵而來，我無意識地封印了對這孩子的記憶。

這天仍有海嘯罹難者被運來內陸地區。家屬說海嘯奪走了他們的所有財產。透過禮儀公司的介紹，我抵達內陸的殯儀館，在此經歷到地震的另一種殘酷。

一對老夫婦的遺體並肩排放。外觀非常糟糕，不但嚴重扭曲，也已經開始變色。即便如此，聽說女兒仍在各個太平間不斷奔走，拚命尋找父母遺體。歷盡艱辛，終於跟父母重逢。

我在準備修復工具時，從外地趕來的女性親戚現身大廳。她甚至沒有瞻仰遺容，就指責女兒說：

「妳為什麼花這麼多時間才找到啊？」

我嚇了一跳。關於臨時太平間是何種狀態，我也略有所聞。還有許多人尚未找到親人，也有人成天拚了命地在十多座臨時太平間奔走。

就連對早已習慣面對大體的我來說，也絕非簡單之事。遺體狀態每時每刻都在惡化，也開始出現異味。儘管有進行除臭，但我也聞到了太平間飄散的那股淡淡屍臭，可以想像那氣味定是一天比一天濃郁。女兒日日奔走於那異樣空間般的臨時太平間，那是多麼難受之事？正因為我能夠想像，對於沒見過災區實際情況者的這種發言才感到驚訝萬分。

「在這種混亂狀況下，妳能找到真不容易。」不但沒有這樣稱讚，反而那般出言無狀，怎麼想都於理不合。

該說是理所當然嗎？女兒動怒了。

「我為什麼必須被一無所知的妳這樣指責呢？」

激動的女兒竟然一說完就昏厥倒地。

雖然很快就醒轉過來，可依舊一副氣憤難平的模樣。女性親戚嚇得向她道歉，但冷淡的口吻又把女兒惹怒了，「妳給我回去！」她開始亂扔坐墊，她的丈夫和兒子一個勁兒地勸解。

我忍不住把女性親戚帶到外面，說：

「當事人正處於極度的震驚狀態，內心受了極大創傷，不是一個能夠好好溝通的情況。很抱歉，可以請您改天再來嗎？」

人在心靈受創時，會被任何話語深深刺傷。我請她丈夫接下來盡量不要讓人進來。

室內終於恢復寧靜，只有最親近的家人圍在大體旁。我打開棺蓋準備修復，女兒把下巴靠在棺木邊緣，說起關於父母的回憶。

一旁的兒子擔心她，勸道：「媽媽妳現在躺著比較好喔。」我也跟她說那樣比較好。

「可是，我不想離開好不容易找到的爸媽。」

我聞言，提議將被褥鋪在棺木旁邊，就可以躺著休息而不必離開。不久，女兒便沉沉睡去。

然而，大約一個鐘頭之後，她忽然大聲說起夢話。

「救命，爸爸！你要去哪裡？到這裡來！爸爸！」

她是受了多大的心靈創傷呢？不單是父母往生而已，我重新體認到海嘯受災者嘗到的痛苦比那更多。

她醒來時，雙親業已修復完成。瞻仰遺體後，大家表情恢復平靜，家屬開始握住亡者的手、輕撫臉孔，並對亡者說話。

我很慶幸可以替女兒略盡棉薄之力。

．3／22 緊緊相繫委員會．

幾天前帶我們去沿岸地區的宣承師父，一大早打電話來，表示他們將盡力投入災區救援工作。我亦表示贊同。

宣承師父表示，不管做什麼事，最重要的是眾人要有一個聯絡網，所以名義上的也好，他想先成立一個組織。這就是聯繫支援者和受災者的地震救援組織「緊緊相繫委員會」的起步。

這個「緊緊相繫委員會」，後來運送了大量救援物資到受災地。

這天早上，釜石市的友人也打電話來，問我會不會到沿岸地區。一問之下，友人說那裡什麼都缺，尤其是禮儀公司。最迫切的問題是遺體損傷嚴重，家屬無法好好告別的情況隨處可見。

我決定去他那裡看看。於是，他帶我去了岩手縣最大的臨時太平間——紀州造林株式會社。

第一天造訪時，剛好遇到兩噸卡車運送乾冰來。新發現的遺體接二連三地運來，看到的遺體數量比之前造訪的太平間多更多。四座籃球場大的挑高空間裡，棺木密密麻麻地排放，我感到一陣暈眩。

悲慘萬分的景象。或許是因為天花板很高，氣味並不重，室內焚燒大量線香。打電話給我的友人，當場詢問能否請我修復大體。那是名男性，聽說房屋家當全被海嘯捲走。遺體旁邊站著一個小學低年級生，似乎是他遺留下來的孩子，而且尚未接受父親的死亡。

「看幾次都一樣！這個不是爸爸啦！」

他哭叫道。往生至今超過十天，膚色開始泛綠。不止如此，尋獲時大概是一半臉孔朝上的狀態，光線照射到的部分和接觸地面的部分呈現兩種不同顏色。

對於這個年齡的小男孩而言，父親是很特別的存在。愛父親愛到心坎裡，跟父親玩耍、請父親教導功課、一起奔跑、扭打、玩接球、躺著休息。父親既是英雄，亦是無可取代的摯友。

我從以往那些入殮經歷體會此事。正因如此，跟父親道別很痛苦，更何況如今遺體完全變了模樣。我想小男孩應該無法好好跟父親說再見。

我對他說道：

「是啊，這不是你爸爸嘛。你能不能跟爺爺他們到那裡等一下？我會把你爸爸恢復原狀的。」

滿坑滿谷的棺木堆中，我在這具棺木左側蹲下，面向遺體。為了那孩子，也要將父親修復成生前的模樣。

首先必須恢復肌膚彈性，便開始進行臉部按摩。

我特別仔細按摩肌膚接觸地面的部分。體溫傳遞過去之後，亡者的肌膚逐漸變軟。遺體臉上有大大小小的凹陷。先用棉花塞住那些部分，再塗上特殊補料，撫平成皮膚的模樣；小傷口則用粉底遮掩。接著使用乳液打底，順著笑紋添加父親獨特的好氣色。

應該是遭遇大海嘯，右手和左臂受損嚴重，雙腳亦然。我從包包拿出新的橡膠手套，塞滿棉花做出外形。不止是臉孔，為了讓家屬瞻仰棺內時看不出異樣，必須把遺體全身恢復原狀。

修復花了近一個鐘頭。這是我第一次在臨時太平間修復大體，不但緊張，也疲憊不堪。

男性肌膚恢復生前顏色，臉頰也加了一點腮紅。他應該是很溫柔的父親吧？眼角有許多笑紋。我強調了那些笑紋，勾勒出臉部線條，重現親切微笑的溫柔父親。

我喚來家屬。爺爺、奶奶、母親，以及小男孩都低著頭，小男孩尤其神色沮喪。然而，一走近棺木，大人的表情首先變了，不但臉頰逐漸泛紅，也浮現驚訝的神情。生前共同生活的兒子和丈夫重新出現棺內。下一瞬間，小男孩奔向棺木。

「嗚哇！是爸爸！是爸爸！爸爸、爸爸快起來，爸～～」

小男孩在棺木外聲聲呼喚，臉頰淌著大粒淚珠。他真的很喜歡爸爸吧。臉上涕泗縱橫，一步也不肯離開，直盯著父親呼喚。奶奶從後方輕輕抱住那樣的他。我對小男孩說道：

「你爸爸回來囉。是你最愛的爸爸，太好了呢。」

我又對全家人這麼說：

「請讓孩子多多跟父親說話、多多觸摸父親。盡情宣洩情緒，對孩子是最重要的事情。請多聆聽他講述與最愛父親的回憶。為了父親，也請讓他想起父親的美好回憶和生前最美的面容。」

家屬深深鞠躬，眾人潸然落淚。

這家人失去了一切，我分文未取。回想起來，那是大體修復義工的開端。

Chapter 7

大體修復

義工

‧3/23 紀州造林‧

我隔天又前往紀州造林的臨時太平間。

「我們也可以拜託您嗎？」

立即有人開口詢問。昨天看見我修復遺體的身影，眾人開始討論那是在做什麼。詢問者越來越多，有人表示明天也沒關係，希望我能夠幫忙；其中也有些人沒有勇氣開口，或者站在遠處張望，或者在太平間裡走來走去。

只要有人詢問，我就回答：

「好，我待會就過去。」

為了讓大家鼓起勇氣、無所顧忌地開口詢問，我決定不管如何，一開始就面帶笑容回應對方。

這天也遇到失去父母的孩子們。那是極其慘惻的告別，我也多次感到胸口鬱結。

某個失去父親的四歲女兒。

遺體狀態實在不適合讓女兒目睹，聽說已經拖延兩天不讓她瞻仰遺容。我認為復原關鍵在於如何修復凹陷的眼睛下方。或許是海嘯時撞到了什麼東西，傷口非常之大。

父親年紀很輕，臉頰到下巴的線條還殘留著青澀感。我心想他擁抱女兒時，那小手肯定摸過這個線條吧。所以，要澈底復原，讓女兒能夠再次撫摸。

他定然很疼愛自己的女兒吧？女兒正是最可愛的年紀。相信他也十分期待女兒的成長吧？我一邊想像這些事情，一邊致力復原，一步步修復生前容貌，變成溫柔的父親面容。

父親臉上恢復笑容之後，終於跟女兒相見了，爺爺和奶奶也陪伴在旁。淚眼汪汪的女兒看到父親一動也不動的溫柔面容，竭力擠出了一句話。

「把拔，掰掰。」

奶奶伸手掩面；爺爺雙眼含淚，雙肩顫抖不止；媽媽在旁哭著說：

「掰掰聽起來好寂寞呢。我們說再見好不好？」

小女孩目不轉睛地看著父親，說道：

「把拔，再見。」

眾人聽見那可愛的聲音，忍不住哭泣，連我也不由得掉淚。我說道：

「請讓她摸摸把拔。讓她盡情摸摸把拔，想待多久就待多久。」

另一個國中女生也失去了父親。這個年紀的女生一旦失去父親，不免對未來感到徬徨。至今對父親的存在感到心安，壓根兒沒想過他會離開人世；然而，地震改變了一切。

而且，她親身經歷了那場驚心動魄的別離。聽說父親被海嘯捲走的瞬間，她就在現場。

「我呼喚爸爸時，爸爸大叫著要我別過去……」

她哭著告訴我，父親就這麼消失在海浪裡。他們一直找不到遺體。她也告訴我找到父親以前，心裡是多麼不安。

每天理所當然在那裡的父親，過了好幾天都沒回來。難不成真的死了嗎？多麼希望他還活著、多麼希望他就在某處，無論生死都想要趕快找到他……

讀小學時常常跟父親聊天，可上了國中就變得很少交談。她喃喃地說，要是當時多跟爸爸聊聊天就好了。

髮質柔軟，略顯福態的溫柔父親。我特別致力於恢復那柔軟的髮質。臉上笑紋也很多，我一邊按摩，一邊修復，淡淡笑意浮現臉龐。

「是爸爸！爸……」

女生拽著父親。期望這是一場夢的心情，以及接納父親死亡的心情。泣不成聲的嗚咽響徹太平間。

某個高中男生失去了母親。很少見到這個年紀的男生像他這般放聲大哭。我問他最想告訴母親什麼事情，他淚如雨下地這麼答道：

「我想謝謝她每天替我做便當。我媽的便當很好吃呢！可是，我從來沒向她道謝。那天早上，我還跟她大吵一架。」

他是個非常坦率的好孩子。我對他說，母親一定曉得你的心情，她一定很開心的。

某個失去母親的國中男生一直低頭不語。家人圍繞在遺體旁時，他也幾乎沒有看母親一眼；然而，他冷不防撲向遺體大叫：

「我再也不頂嘴了啦！再也不頂嘴了、再也不頂嘴了……媽，妳回來……」

聲音最後沙啞得含糊不清。旁邊一名身材高大的男性警官雙肩顫抖，皺著臉哭泣。

・3／24 善緣・

善緣往往召來更多善緣，越來越多人表示希望我到其他臨時太平間、希望我到他們家等等，我亦慨然應允至各地幫忙。

開始擔任大體修復義工之後，我幾乎沒有回家休息。白天待在臨時太平間，晚上前往亡者家中或殯儀館，一天進行十至二十人左右的修復工作，沒時間返回車程約兩個鐘頭的家裡，體重也逐漸下滑。

可是，比起那些，感觸更深的是孩童的大體修復件數越來越多。失去孩子，就像失去自己的一部分。我身為母親，亦非常瞭解那種痛楚。更何況多日遍尋不著，終於重逢卻面目全非的話，更是痛徹心脾。

我在修復孩童遺體時，無法抑制內心封印的感情。想起初次在陸前高田太平間見到的三歲女孩，我再度開始責怪自己。明明可以讓她恢復可愛模樣，我卻束手無策……

我想找人訴說此事。一回神，已撥了宣承師父的電話號碼。壓抑的感情如決堤般湧出，我泣不成聲地向宣承師父傾訴。當時為什麼做不到呢？為什麼沒有堅持替她修復呢……

宣承師父說道：

「我們改變不了已經發生的事情。只要今後好好珍惜那孩子的回憶，無法替她修復的這個緣分，不也是一種緣嗎？緣分有許多不同形態。妳就把這視為一種緣，跟它一起向前邁進吧？」

我內心起了某種變化，決定不再讓自己有這種形式的悔恨。該如何讓她成為使我不再後悔的緣分呢？為了不讓今後再次發生相同悔恨，就努力去做自己現在可以做的事吧。去做當下該做之事，去做自己想得到的那些能力範圍內之事，那女孩教了我這個道理。如此一來，這個悲傷的緣分，就變成彌足珍貴的善緣。

正是那女孩使我投入大體修復義工。正因她讓我後悔至深，我才不想再經歷相同悔恨。我在我的能力範圍內做該做之事，她給了我這麼做的勇氣。

我也覺得，說不定是因為跟那女孩相遇，我才能誠心誠意地面對每具大體。

如今，仍能想起那女孩的表情。倘若能夠替她修復，會是多麼可愛？多麼討喜？
沒能替妳復原，真對不起。

・3／26 橋梁・

在臨時太平間修復遺體時，會請家屬在其他地方等候。因為許多遺體狀態無法讓人直視，我覺得不要看到修復過程比較好。

「如果有哪裡想要修改，請告訴我。」

家屬瞻仰遺容後，我會如此詢問，但他們的視線就像被吸過去似的，瞬目不移地盯著故人臉孔。也有些人會呼喚往生者的名字、撫摸、倚偎、哭倒在地。

我則在旁靜靜守候。一旦接受死亡，就能夠哭泣。眼淚非常重要。而在停止哭泣之後，話匣子接著打開。亡者生前是怎樣的人？生活方式是如何美好？是多麼愛家人，又是多麼被家人愛著……

對我傾訴的內容，其實是想告訴當事人的事情。經歷無數場入殮之後，我明白了這個道理。所以，我就代替當事人傾聽，希望自己可以成為亡者與家屬間的橋梁。

同時，我會教他們如何將此刻心情直接傳達給亡者，例如：寫信、折紙鶴、讓他帶著許多東西上路。然後，我也會教他們如何在喪禮期間保持好表情。

為了故人，請想起對方生前最美好的表情。我這麼一說，他們似乎就會把那當成往生者的期望。事實上就是如此。若是站在亡者的角度去想，誰都不願意讓別人看見自己變化後的模樣，那最好可以從對方記憶裡刪除。大家都希望別人永遠記得自己最棒的面容。希望遺留下來的人們可以笑著生活，應該也想要告訴他們，自己將永遠在他們身邊。

當事人應該不想見到家屬終日哭泣的身影吧。道別真的很傷心……但，請笑著說再見吧。我，如此期盼。

‧3／27 很愛很愛他‧

屍袋拉鍊拉開瞬間，儘管戴了口罩，還是聞到一股極度強烈的異味。檢視亡者臉孔，業已失去人類該有的模樣。那是除了海嘯之外，還慘遭火噬的男性。眉毛、睫毛和頭髮都焦黑燒毀，皮膚也變成紅黑色。

異味來自焚燒後的味道。遺體跟許多東西一起焚燒，就沾染了那些東西的氣味。除此之外，還加上腐臭味和海水味。

幸好那名男性還有照片。沒有照片的話，遺體狀態越差，就越難復原。首先，我一邊瀏覽照片，一邊著手修復臉部線條，將扭曲的臉部輪廓恢復。光是這樣，就能大幅趨近生前容貌。

輪廓恢復時，我感覺到有人在背後跪下。

「隊長！」

有些年紀的男子這麼說完，脫下帽子。

「您原來在這裡啊。我一直找、一直找……終於見到您了……變成這副模樣……真對不起……」

男子捂住嘴巴，啜泣出聲。

「可是，多虧您，城市總算守住了。很多人因此得救……」

那具遺體是當地義勇消防隊的隊長。義消捨命守護市民之事，我也略有所聞。在劇烈搖晃中的停電瞬間，聽說義消隊員就想到停電時通知避難的警報器是不會響的。必須有人爬上高梯，敲鐘警告眾人避難——就算明知那是有去無回的任務。

聽說也有人前去關閉水門。一旦大海嘯來襲，有可能無法得救。明知如此仍毅然赴死，正是捨命守護城市。

還有人為了搶救附近的人們而折返城市，結果被海嘯捲走。聽說更有些人明明看見海嘯正從眼前襲來，可是「因為自己是消防隊員」而躍入海中，試圖拯救那些呼救者。

垂首飲泣的男子離去後，我又繼續修復遺體。這時已過了將近兩個鐘頭了。

「真是個好男人哪。」

終於恢復生前精悍的臉孔時，我不經意地說出這句話。最先回應的是男子的母親。

「就說嘛，我兒子可是個大帥哥呢。」

母親看開似的說了許多關於兒子的回憶，時而有說有笑；可是，她身後隔著一段距離站著的年輕女子，則一直拿著手帕擦拭大粒淚珠。她是亡者的妻子。

母親先一步返回車上，妻子這才走近棺木。

「我很愛我先生。」

她淚眼婆娑地凝望丈夫，一副捨不得離去的樣子。我對她說：

「您要不要摸看看？您可以摸他的臉頰。」

她戰戰兢兢地伸出右手，觸及臉頰瞬間，哭倒在棺木上。

「我很愛他，真的很愛他……」

她用手帕拭去淚水，戀戀不捨地注視丈夫。我看了委實心痛，但也覺得這般被愛著的丈夫真的很幸福。

我相信丈夫也感受到了妻子的愛。

她邊哭邊告訴我那天的事。

丈夫身為義消隊長，集合全體隊員之後，一起到了避難所；然而，得知還有高齡者尚未避難之後，丈夫又獨自返回街上。這時，發生了海嘯。

「我理解他的使命。為城市捨命的行為，我覺得很了不起；可是，我失去了丈夫，孩子和我今後要怎麼生活呢……我該怎麼整理心情呢……」

這又是地震的殘酷。我的胸口像要炸裂一般。

我能做的就是盡量讓她丈夫的狀態維持得久一點。距火化還有一段時間，我告訴妻子打開棺木的方法。

「您想打開幾次都可以，要摸他沒關係。雖然時間有限，但請您陪在他身邊。」

萬一部分肌膚崩塌了，請用這個修復吧，我將粉底遞給她。

・3／28 療癒・

有些修復沒有照片可以參考；可是，很不可思議，只要集中精神觸摸肌膚，我的手就會動起來。然後，就能恢復亡者生前的面容。這只能說是當事人教我的，有被某種東西推動的感覺。

「這樣不對！不是這種臉。」

假如有人這麼說，我便會放棄擔任大體修復義工；然而，誰也沒有對我說過這種話。

最開心的就是孩童臉孔恢復原狀之後，不僅是家屬而已，整個太平間都因此被療癒。

我如今仍記得那位四歲的小女孩。好可愛、好可愛，天使般的孩子。

最初看到時，我忍不住輕輕擁抱她。

頭髮上沾黏大量藻類，非常棘手。光是清除那些東西，就花了超過一個鐘頭；可是，恢復孩童的原有髮質後，氛圍整個改變。

臉孔也恢復了柔軟的肌膚觸感。那討喜、可愛的笑容再度重現。父親見了修復後的大體，一副疼愛萬分、不能自已的模樣。他呼喚女兒的名字，直盯著那臉孔，輕撫臉頰哭泣，哭到不能自制，淚也流乾那般。父親就這麼憔悴萬分地凝視女兒。

就連警方也被小女孩的可愛模樣療癒了。

小孩子真的很了不起。縱使已經往生，只要面帶微笑躺在那裡，就讓人有被療癒的感覺。看守臨時太平間的警察，也趁巡邏空檔頻頻打開棺蓋看她，直說好可愛、好可愛。警方看了太多悲傷場面，終究也會難受，應該也想放鬆心情。

其他家屬，以及為了尋找不知去向的親人在各個臨時太平間奔走的人們，也直說好可愛、好可愛。這樣被眾人誇獎好可愛、好可愛，我想小孩子一定也很開心。

她在許多人的心裡留下某種物事。

・3／29 祈禱・

「我去救孩子。」

某個家庭的男主人這麼說完，就跑著離開。女兒獲救了，可是男主人沒有回來。

妻子抱著年幼的女兒說道：

「等這孩子長大，我想告訴她這件事。」

淚流滿面的妻子旁邊，是一個發愣的小臉蛋。還不大明白發生了什麼事情的孩子，某天必能體會父親的偉大吧。

劇烈搖晃後，某個妻子拜託丈夫回家拿東西。之後，房子被海嘯吞噬，丈夫身亡。

「孩子的爹、孩子的爹，對不起、對不起……」

妻子聲淚俱下地不斷道歉；丈夫則含笑接收妻子的悔恨聲音，一臉溫柔。

某對高齡夫婦的丈夫失去了妻子，娓娓訴說關於妻子的回憶。

「她是醬菜專家呢；可是，我已經吃不到了啊……」

或許是想起兩人共度的那些珍貴日子，今後將變成沒有妻子陪伴的生活。一想到美味的醬菜，就覺得格外寂寞。丈夫突然撫尸慟哭。我彷彿看到妻子輕撫丈夫背脊的身影。

某個失去丈夫的高齡妻子。她凝視丈夫恢復笑容的臉龐，顯得很開心。

「我愛你喔。」

淚珠盈眶的妻子喃喃自語。我默默祈禱那句話能夠傳達給她丈夫。

・3／30 同為男性・

憔悴不堪的男子頹坐在棺木前。他同時失去了妻子、兒子和女兒三人。海嘯襲捲家裡時，聽說很多丈夫都在公司上班。許多案例是全家罹難，只剩下丈夫一人。一下子失去妻子和孩子的悲傷，那是何其沉重呢？我想那定是窮途末路的感覺。特別是男性，往往會責怪自己。

自責亦無法改變事實；儘管如此，我非常瞭解那種忍不住苛責自己保護不了妻小的心情。遇到這種情況時，我會靜靜傾聽，讓對方盡量把不得不責怪自己的心情化為言語；總之讓對方傾吐出來，這樣的話，最後就能勸慰：

「不過，您之前陪在亡者身邊那麼久，我覺得很可靠呢。」

然而，身為女性的我，這天有種束手無策之感。男子就是那般悲痛欲絕、自責萬分，我主動攀談亦得不到回應，於是請同行的菊池幫忙。

同為男性，同樣有妻小且理解身為人父的感情，我覺得菊池或許可以體會男子的心情。

菊池說了。痛苦是正常的，覺得快要發瘋也是正常的；可是，正因如此，男子至今才一直是深受全家信賴的一家之主，不是嗎？

這種時刻，越是嚴厲責備自己的人，就越是真心愛著家人，且被家人真心愛著的。業已發生的現實固然痛苦難熬，但此刻越是痛楚徹骨，就越能證明自己曾經愛過家人。而且，或許正因為男子是這種人，我們才能這般結緣，到此修復大體。

縱使對方聽不進我的話語，我能做的就是讓亡者恢復美好面容，讓男子可以好好跟家人道別。我竭力投入修復作業，無論如何都想替男子修復家人。

‧3／31 終於可以哭了‧

連著幾天替孩子們送行。我也有讀小學和國中的孩子。一想到父母的心情，就心痛如絞。

往生者是六歲小男孩。聽說生前很喜歡足球。

「到了另一個世界，也要交很多朋友喔。」

見到修復完成的小男孩，母親喊道。無論到何處，無論在何時，父母總是擔心孩子，即便目的地是天國亦然。

往生者是高中男生。爺爺雙肩顫抖不已地說道：

「這孩子很黏爺爺。小時候老跟我說他最喜歡爺爺，是跟我寸步不離的可愛孫子啊……」

「我想您孫子一定聽得到，請再跟他多說些話。」我說完，爺爺嗚咽出聲。

往生者是六歲小女孩。小小的遺體一擦上腮紅，陡然間變得開朗。奶奶靜靜說道：

「她老愛惡作劇……我常常罵她。妳可以再惡作劇沒關係，睜開眼睛吧……」

奶奶撫尸慟哭，淚流不止，泣不成聲。原本一直沉默不語的爺爺，握住孫女的小手說：

「妳再叫一次，叫『爺爺』啊，再一次就好……」

他握著小手，痛哭失聲。

往生者是剛出生十天的嬰兒。丈夫同時還失去了妻子，一句話都說不出來。這也不能怪他，因為嬰兒完全變了模樣。

嬰兒的膚質與大人不同，身體器官又很小巧纖細，修復果然十分困難。我花了超過三個鐘頭才完成。

父親不知道嬰兒業已恢復原狀。我正要打開棺蓋讓眾人瞻仰遺容時，父親大聲叫道：

「請不要打開！」

他大概是不想讓別人看見遺體的那個狀態吧；不過，遺體已經修復完成了。我一打開棺蓋，他就跌坐在地，頭抵著地板大聲哭泣。終於可以哭了，他說。在此之前，明明是自己的女兒，明明應該很難過，可就是流不出淚來。自己為何這般冷酷呢？他為此黯然神傷。父親輕輕將手伸向嬰兒，百般愛憐地撫摸。

往生者是長得好可愛、好可愛的一歲小女孩。爺爺握著那小小的手揮舞道：

「掰掰。」

那心酸的動作，旁人見了為之啜泣。爺爺淚流不止，僵在那裡一動也不能動。唯獨小女孩笑盈盈地守著爺爺。

往生者是國中男生。母親告訴我：

「他當時正在社團上課……」

我請母親摸摸他。母親聞言猶疑地伸手，觸及遺體的瞬間大聲哭道：

「我可以哭嗎？我可以哭嗎？」

我輕撫她的背，握住她的手，告訴她：「您當然可以哭。」

往生者是讀小學的女孩。父親顯得垂頭喪氣。

「她不曉得有沒有在恨我……」

「沒那回事，您女兒一定很感激您的。」我說道。

「我想她最後一定是叫著『爸爸』。我真的好替她做些什麼，不管怎樣……」

父親雙肩輕輕顫抖。我說道：

「她最後想起了爸爸，請您這麼想吧。您今天這樣待在女兒身邊，所以她也不是孤單一人。」

父親強忍著奪眶而出的淚水。

往生者是兩歲小女孩。爺爺把尿布放進棺木內，瘦骨嶙峋的手裡拿著印有可愛圖案的尿布。那份溫柔心意，教眾人禁不住落淚。

「這是必需品嘛……」

亡者小手裡的尿布顯得格外巨大。爺爺握住小女孩那小小的手，捨不得鬆開。

「手變暖和囉！」

爺爺抬起臉孔。那一瞬間，大粒淚珠簌簌落下。

往生者是四歲和兩歲的小女孩。爺爺、奶奶、父親守在一旁。修復完成後，父親看了姊妹倆，說道：

「好像真的還活著一樣。」

因為一而再，再而三地撫摸臉頰，肌膚溫度上升，體溫讓膚色變得更好了。淚珠盈眶的奶奶說：

「現在很冷，但到了夏天，也需要涼爽的衣服吧。我想在棺裡放短袖和服，可以嗎？」

爺爺一語不發，手裡緊緊握著某種物品的繩子。那是兩個小布袋。

「她們最愛吃零食了，這可以放進去嗎？」

小布袋鼓得滿滿的。爺爺大概是想盡量多裝一些零食吧？真是溫柔的爺爺。我回答：

「雙手合十的話，放在上面可能太重了，我們就別硬擺出合掌的姿勢，讓她們伸手扶著零食吧？那樣也比較自然。」

爺爺把零食輕輕放進棺木裡。

Chapter 8

各界
援助

・4／10 報紙・

這段期間開始有記者表示想採訪大體修復義工的情況。我在地震前也接受過好幾次採訪，並非對媒體抱持否定看法。

可是，我希望以修復更多大體這件事為先。我從早上九點到深夜都在修復大體，戮力以赴。有些臨時太平間體恤我這種心情，將閉館時間由原本的五點延至七點。閉館後又要趕往災民家裡修復大體，幾乎是徹夜工作。

我家距沿岸地區約兩個鐘頭車程，有一陣子捨不得浪費時間，便在車上過夜；但後來發現這樣對身體負擔很大。我察覺到就算時間短暫，還是回家睡被窩比較好之後，就開始開車回家過夜。睡眠時間極度縮短，地震過後越久，時間也變得越發珍貴。

是故，即便記者有意採訪，我亦無時間受訪；不過，我仍然希望讓更多人知道「緊緊相繫委員會」這個組織。光靠網站和少數宣傳效果有限。我想讓更多人知悉委員會的存在，期盼他們投入災區和災民的救援活動。於是，我以必須同時刊登委員會的活動、地址，以及電話號碼等聯絡資訊為受訪條件，大體修復義工的故事便登上了全國性的報紙。

迴響非常驚人。首先，來自全國各地的電話響個不停。我們公司只有一條電話線，變成非常難打通的狀態。擔任總機的員工連續多天二十四小時都在接電話，共計約三百通來電。多數人在電話中聲淚俱下地說：「我支持你們。」「請繼續努力。」我想大家都在尋找自己能夠做的事情。

然後，報紙刊登隔天起，我們開始收到驚人數量的瓦楞紙箱。那是救援物資。剛開始一天就超過兩百箱。事實上，看過報紙的全國民眾總共寄來了超過兩千箱的救援物資，包括：棉花、線香、消臭劑、化妝品、塑膠手套……等等。事務所轉眼就堆滿紙箱，我們將之依序送往避難所。另外也有許多人寄現金袋來。我們心懷感恩地將那些錢用於購買修復的必需用具。

其中亦有信件。那是寫滿各種思緒的信件，我當然也都親自閱讀了。那是多麼激勵我心呢？來自長輩、母親，以及許多小朋友的「加油！」「請注意身體。」「謝謝您的偉大工作。」等等，信裡寫滿了教人欣喜的話語。

其中一封信格外令我印象深刻。那是在福島縣遭遇地震後，轉往埼玉縣避難的小男孩所寫的信。

「我會用零用錢買棉花寄過去，請妳加油。」

他這麼寫道。明明自己也很難過、也很困苦，竟然用零用錢……看過信的公司同事都哭了。

人類真的很可愛。我們後來也寄了謝卡給其中一千多位有寫寄件地址的人。

這些信不僅僅是寫給我們，更是寫給所有災民。開心之事應該與人共享。

「越是好事，越該讓給他人。」

這是曾經出家為尼的母親一直掛在嘴邊的話語。好事要對人講，要廣為流傳；相反的，壞事應止於己。

這些信件均交由碧祥寺保管，如今任何人都可以閱覽。

擔任大體修復義工期間，縱使現況如此惡劣，幾乎所有家屬仍都很擔心修復的費用問題。一旦有人詢問金額，我就告訴對方：「我是義工，所以不收您的錢。」但在收到許多物資之後，我開始這麼說了：

「如果要問為什麼免費，那是因為我們得到來自全國各地的援助。全國民眾都很擔心各位喔。所以，請您接受這份好意吧。請讓我接受這份好意吧。」

對於這份關心，許多遺族不由得在大體面前流下淚來。援助者的溫柔心意如實傳給了受災者。此外，我也經常跟受災者說起那些信裡寫的話語。

「各位並不孤單喲。大家都很擔心各位，日本有很多人都在替各位加油。」

這個事實對受災者來說，我想真的成為一股極大助力。而我，也因為各界援助，才能持續擔任大體修復義工。

・4／20 牽手同行・

每個臨時太平間都有許多人開口請我修復大體。既然有緣，我亦不拒絕。這是我跟初次到太平間相遇的女孩之間的約定。為了不再後悔，我要珍惜所有緣分；然而，隨著日子增加，遺體損傷也日益嚴重，修復一名亡者足需三、四個鐘頭。於是乎，熬夜工作或在車裡過夜的情況逐漸增多。

太平間亦不時可以看見美好景象，諸如遺族互相幫忙、警方的關懷體貼、孩童們的祈禱等等。

曾經有人免費送花至某個太平間。我每天早上亦被那些美麗花朵療癒。或許是有其他人抱持相同想法，起初只有一盆花，不久變成三盆。而且，花朵每天更新。

「請自由取用。」警方豎了一個牌子。

由於大體數量過多，火化速度追趕不及，在沒有確切班表的情況下，只得每天到太平間報到的家屬們，總算可以捧著這些鮮花送行。

也開始有家屬對我說：「謝謝您一直來這裡。」那聽了真教人開心。

可是，這陣子又運來了新發現的大量遺體。我擔心的是那些身分不明的遺體，尤其是裝在小型屍袋的。我的口袋裡總是放著糖果餅乾，一遇見這種遺體，就合掌祈禱，將零食當成供品獻給他們。

某些孩童遺體一直身分不明，亦無家屬領回，那真是令人心酸的景象；可是，我什麼事都不能做。唯一能做的，就是向旁邊同樣身分不明的成人遺體請求：

「老婆婆，對不起喔。您隔壁有一個很小的小朋友，可以請您前往另一個世界時，牽著他同行嗎？」

我悄悄合掌懇求。

・4／25 口紅・

民眾寄到「緊緊相繫委員會」的大量救援物資，我們也陸續塞滿車子送往避難所和太平間。

諸如：礦泉水、速食品、飲料、濕紙巾、毛巾、洗髮精、沐浴乳、內衣、襪子、OK繃……等等。

地震剛發生的那陣子，災民尋求的是生活上最重要的物品；然而，隨著生活逐漸恢復常軌，需要的東西亦有了變化。我至今仍無法忘懷的東西是化妝品，特別是口紅。

避難所的災民，許多人的家當已被海嘯沖走，當然不可能有化妝品；可是，當生活開始有了餘裕，我覺得女性首先還是會注意到這方面吧。

或者該說，我希望她們去注意這件事。為了鼓勵災民早日回歸原本生活，我認為女性開始注重打扮和化妝具有重要意義。

於是我透過「緊緊相繫委員會」號召：「可以請您寄全新口紅來嗎？」結果，很感謝全國各地民眾寄來了數千支口紅。我永遠忘不了帶著口紅到避難所的情景。

避難所的物資負責人多半是男性。我心想大男人可能無心理會這種事情；不過，對方很爽快地接受了提供口紅的申請。

避難所要分送口紅的消息一傳出，女性災民蜂擁而至。從數百支口紅中各自挑選喜愛的顏色，宛如一場爭奪戰。我暗忖大家果然是女性，都想向前邁進哪。

數千支口紅轉眼之間就分送完畢。

拿到自己喜愛的口紅，老年人和年輕人都喜不自勝地說：「謝謝。」從明天起，這座避難所鐵定會煥然一新吧。因為女性們都變得神采飛揚呀。

・5／1 勇氣・

某場夫妻送別打動了我。

「是廣子！」

地震發生一個多月後，丈夫終於找到妻子的大體。他說這個狀態實在無法讓孩子們與母親相見。

為了孩子，當然也為了丈夫，我全力修復。希望讓丈夫說出：「我愛妳。」希望他呼喚妻子的名字，說：「我老婆以前就是這麼漂亮。」

「讓您久等了。」

擔任大體修復義工時遇見的每位亡者，我都先這麼向對方打招呼。

地震後過了四、五個星期的大體修復任務。這時期遇到的狀態越來越糟糕，諸如：膨脹、損傷、殘缺不全、出血、腐敗異味、變色、變形、毛髮脫落……等等。

越來越多大體必須從驅除蛆的手續開始。倘若眼球和鼻子周圍、嘴唇等較薄處感到有蛆時，就用藥物加以處理。全日本說不定只有我在替長蛆的大體進行修復。

一旦產生氣體，事情就更加棘手。臉孔發脹，難以判斷生前面容如何；姿勢則變成脖子朝向心臟，左下顎緊黏左肩。這種情況必須先排出氣體。排出氣體時，會產生駭人惡臭。那是一般人無法忍受的臭味，所以我一定請家屬離開現場。

大體修復最重要的事情就是不要輸給自己，全憑勇氣和毅力。

同時，要重新理解當事人曾經活在世上。

我剛成為納棺師，第一次面對嚴重腐敗的大體時，受到極大震撼。閉上雙眼，那影像依舊烙印於眼瞼內，久久不散。不管如何努力忘卻，亦無法沖淡記憶，苦不堪言。正因如此，我非常能體會家屬見到面目全非的親人時是何種心情。我希望他們趕快抹去那記憶，想起故人生前的溫柔微笑。

我最重視觸摸大體這件事，修復這位妻子時亦然。我一邊用自己的體溫慢慢讓遺體回溫，一邊按摩。如此一來，無論遺體狀況變得多糟，都能恢復當事人特有的膚質。接著就一邊檢視狀態，一邊用棉花修復那些凹陷處。

皮膚表面的汙垢一般是用乳液清理，但海嘯真是個頑敵。不把陷入肌膚裡的沙子全部清乾淨的話，即使進行潤色，亦無法恢復正常的肌膚狀態；若勉強上妝，就會變得粗糙不堪。

為了讓皮膚變成能夠化妝的狀態，我這次也按摩了一個多鐘頭。接著清除細沙，用乳液打底。混合約十種化妝品，調出最適合亡者的膚色。為了讓化妝品附著於失溫的肌膚上，我一邊用自己的手背加溫，一邊一層又一層地塗抹。這樣一邊加溫，一邊上妝，便能重現當事人的獨特皺紋；順著那皺紋，就能重現笑容。

敷衍了事的處理無法遮掩死後變化。假如只修復表面，火化前就會露出最底層的原始面貌。是故，必須從原始面貌處開始修復。如何讓剛修復完成的狀態維持到一個星期後的火化？那是最困難的事情。

部分白骨化的遺體，若是沿著骨骼仔細製作肌膚，不但可以恢復故人面容，也能夠維持一段日子。

我花了近四個鐘頭修復這位妻子，終於讓她恢復原狀。丈夫一看見妻子臉孔，就開口呼喚她的名字，然後垂頭喪氣地靜靜淌淚。

「廣子、廣子……」

他似乎是覺得不能在孩子面前示弱哭泣，而在壓抑情緒；但是，並非對妻子的死不難過。摯愛死亡，最悲傷的應該就是丈夫。

「謝謝。謝謝。」

丈夫鞠躬道謝。那或許是對我說，可也像是對妻子說。我希望他能好好向愛妻告別。

於是，我悄悄離開放置棺木的房間。

・5／2 唯一的影像・

四月上旬報紙刊登我的報導之後，媒體採訪邀約越發增加；可是，由於時間寶貴，我一律謝絕，只參與某個電視節目。這一天，大體修復義工的紀錄影像出現在晚間九點的ＮＨＫ全國新聞，而且紀錄片長度逾六分鐘，是新聞節目中的特例。

我為什麼只接受ＮＨＫ的採訪？其中是有理由的。

因為我被攝影師的誠意打動了。

那位攝影師是ＮＨＫ大阪電視台的大淵光彥先生。我在四月上旬婉拒採訪邀約之後，他這麼說道：

「我認為對於許多沿岸地區的災民來說，笹原小姐所從事的義工資訊是必要的。」

接下來的三個星期，他利用採訪空檔的私人時間參與大體修復義工活動。他把攝影機和採訪筆記本留在車上，擔任我的助手。空閒時我也聽他闡述身為新聞攝影師的信念。

修復現場並非普通人可以長時間度過的地方。極度的悲傷、失去生前面容的大體、強烈的異味和蛆……等等。可是，就算身處其間，他依然誠心面對每一位罹難者的最後身影和家屬的情緒。有時為了替災民打氣，他還私下拜訪對方。

某位男子向這樣的大淵先生求助道：「我想帶妻子回家。」儘管隔天就要火化，可男子得知我的故事，想透過大淵先生請我修復妻子的大體。然後，遺族出乎意料地主動表示，若能助大淵先生一臂之力，他們願意協助拍攝。

失去妻子的丈夫，家裡還有一歲到九歲不等的四個孩子。遺體是在地震後第四十二天尋獲，委實不適合孩童瞻仰，他為此煩惱不已；然而，他非常希望讓孩子跟母親做最後的道別，孩子們也想再見母親一面。我接下修復任務，由大淵先生拍攝那個過程。

在遺族家裡拍攝時，大淵先生一直很關心家屬。聽說不僅是拍攝過程和拍攝結束後，就連節目播出後他也時常去探望對方。連續三個星期放下攝影機、貼近災民，在臨時太平間亦深受許多遺族信賴，取得對方信任，獲得拍攝許可。那唯一的紀錄片影像，就是這種人拍攝的影像。

「我是看了ＮＨＫ的新聞……」後來許多沿岸災民聯絡我時如此表示。每天鍥而不捨地搜尋孩子的父母誓言：「我一定要找到。」至今仍持續尋找。

二十來歲的男子在地震後親手照顧不認識的孩子，難過得不斷哭泣。

「我變成自己一個人了。」也有許多人這麼告訴我。

即便是一年多後的現在，我從事一般的入殮工作時，也有非常多人表示自己看過電視新聞，握著我的手訴說罹難親人的故事。

「我沒辦法接受家人的死，所以一次也沒去過臨時太平間。」

這種人也因為電視新聞主動與我聯繫。

「我看了新聞，然後成為一名納棺師。」

還有人這麼告訴我。

「地震後超過一個月，爸爸、媽媽、老婆，八歲、六歲、三歲的孩子都找到了。可是回過神來，我變成一個人孤伶伶的，連房子也被海嘯沖走了。那時候，我看到笹原小姐的新聞報導。然後，成為一名納棺師。」

我聞言淚水撲簌簌地流下，覺得他能活下來真不容易。他說：

「新聞中，笹原小姐那裡跟我有相同經驗的人都在努力生存。雖然我已經沒有必須保護的家人了，可是，我想再努力一次看看。您的新聞拯救了我。」

無論是什麼職業、什麼身分，我想都有唯獨當事人能做的救援活動。NHK的新聞報導，我想就是唯獨大淵先生能做的一種救援。這則新聞如今仍與許多人的心情緊緊相依。

・5／7 內心傷痕・

極其遺憾的是，災區追隨罹難者的自殺事件逐漸增加。

「好不容易獲救的生命為什麼……」

不清楚地震災害詳情的人會這麼說。

可是，對當事人而言，那是難以承受的痛苦經歷，一定沒能遇到理解箇中酸楚的人吧。我感到這亦是無可抗衡的地震災害所帶來的巨大傷痕。

「我家有一個人，可以請您幫忙嗎？」

一旦有人這麼問，我就回答：

「因為還有人在等待，請您先稍待片刻，對不起。」

然而，某次我到了現場，才發現不是一個人——家裡放置了四具大體。

「要是我說有四個人，您可能就不來了。對其他人也不好意思……」

我不由得鼻子一酸。失去了四個家人，還要顧慮他人心情。我立刻打手機叫來公司的年輕納棺師。

我也曾經聽到令人驚訝的對話。

「不，我家只死了兩個人而已。」

就算只死一個人，那也是多麼難受之事？然而，畢竟失去三個、四個，甚至更多親人者大有人在，故而不便把死了兩個人說得太過哀痛。可這麼一來，也無法接受他人的安慰了。

在災區跟各式各樣的人交談時，往往感到摯愛親人先行一步的悲哀，讓遺族內心嚴重受創。

哭訴自己一鬆手，孫子就被海嘯沖走的爺爺奶奶；目睹孩子被海浪吞噬的爸爸媽媽……他們經歷了難以獨自承受的苦楚。

再加上被第三者出於好意的話語深深刺傷。例如這種話語：

「你就忘了往生者吧。」

縱使想要忘記，亦不可能遺忘。這一句話是何其殘酷呢？不負責任的言論更加傷害家屬，使之受到震撼。這種情況逐漸擴散。

這樣下去不行，必須做些什麼——我開始有了這種想法。

·5／15 自己的頭髮·

因為報紙新聞報導而送來的大量物資與援助，過了一個月左右即將告罄。那是東北櫻花開始飄落的時候。修復時不可或缺的假髮和假睫毛庫存也用完了。

沒辦法，我開始剪自己的頭髮來用。沒有頭髮的話，常常無法修復面容；不修復面容的話，就無法好好跟亡者道別。我就像梳理內側頭髮般剪下自己的頭髮，用於睫毛、眉毛和瀏海等等。

某天，有人寄來小山般的假髮。寄件者是宣承師父。

「太好了！是頭髮呀！」

我開心地跳了起來。宣承師父還資助了大體修復義工的所需資金。而除了睫毛之外，也有人寄來其他即將告罄的必需品。

「這樣就能繼續修復大體了！」

我喜極而泣，再次感到自己果然應該發揮所長，自己是為此而生。

正因為有許多人的支援，我才能擔任大體修復義工。我每天都深刻感受到這個事實。

迄今工作面對無數大體的我，近來連續多日接觸狀態嚴峻的大體亦是頭一遭，整整瘦了十公斤以上。

其中令我特別難受的是，剛開始投身義工不久，連續十天進行幼童的修復。那時不但無法出聲，連話也說不出來，總之就是非常難過、哀傷。我感到頭暈目眩，甚至變得無法下床。

這時幫助我重新振作起來的亦是宣承師父。我傳郵件向宣承師父訴苦，他回覆的內容令我淚流不止，重整心情之後，隔天再度投入修復義工的活動。

我是個軟弱的人。心情滿載了，就會爆胎。所以，在爆胎前要找人傾吐。

我向宣承師父，以及宣承師父的夫人傾訴許多心事，他們亦給予我諸多鼓勵。我透過自身經歷亦深刻感受到，人類儘管軟弱，可是透過傾吐胸臆，找人聆聽，總之對人說出口這件事至關重要。

拯救我的還有公司員工，他們默默守護著投身義工活動的我。

我是經營者，照理必須進行賺取利益的事業活動；然而，因為修復義工的活動，從事正業的時間極度縮減。每天過著驚心動魄的生活，完全沒有多餘體力去賺錢。

即便如此，所有員工仍支持我的決定。當公司資金就要用盡時，仍以我的心情為優先，允許我從事義工活動。

除此之外，幫忙收容大體的人們、搬運的人們、驗屍並替亡者淨身的人們、安置靈柩的人們、到火化前協助驅除蛆和清理出血，並守護亡者的人們、前來祭拜的僧侶、火化場的工作人員……等等。

正因為眾人的力量，我才能擔任大體修復義工。

「為了亡者和遺族」的眾人心意——正因如此，才推動了我，以及我們。

・生死乃一體兩面・

我在瓦礫堆中走著，大卡車駛過身旁。猛地抬頭，副駕駛座的乘客笑容滿面地揮手。仔細一看，我曾替對方修復亡妻大體。我也欣喜地用力揮手。

一到沿岸地區，以前結緣的遺族主動攀談，也有人奔來喚道：

「笹原小姐～～」

因為是義工活動，我修復時並未告知姓名；可是NHK的新聞影像不斷重播，對方也知道了我的姓名。

也有人叫成「篠原小姐」或「笹木小姐」。只是稍微看了一下新聞節目，倒也不能怪對方。何況我原本就不打算說出來，所以一點也不在意。

也有人不記得姓氏，親切地叫我「留似子小姐」。

我們從修復時的回憶說起，聊到後來發生了什麼事。這也是聆聽對方訴說許多故事的機會，我們一起哭，一起笑。

也有人尚未找到親人。他們告訴我，每天總有某些片刻感到心情動搖，彷彿要被壓垮一般。

也有人流淚說捨不得替孩子納骨。想要將心愛子女多留在身邊一會兒，想要一起入睡，想要摸摸他，想要抱抱他。就算孩子早已裝進骨灰罈，依舊無法放手。父母思念子女的心情，我想就是這麼一回事。我告訴他們，能夠納骨的那天終會到來，所以請不要勉強自己。

生死乃一體兩面。悲傷的另一端，即是跟悲傷共同生存者的深刻笑靨。

一天有二十四小時，這是公平分配給每個人的時間；可是，該如何度過這時間？該如何認真面對？這則交給我們每個人去決定。

・串聯・

春季逝去，夏季迫近，即便秋季到來，我仍持續參與大體修復義工的活動。只要尋獲新遺體，無論何時我都願意免費修復；然而，基於自然法則，我能做的事情亦逐漸減少。

另一方面，透過大體修復義工，以及「緊緊相繫委員會」配送物資至避難所的活動，我與沿岸災民產生許多聯繫。

災後重建進展順利，避難所的災民亦慢慢將生活據點移至組合屋；可是，失去所有重要事物的內心創傷始終難以癒合，反而是搬進組合屋之後，變得更加孤獨的災民隨之增加。跟這些人溝通時必須非常小心，因為第三者的一句無心之言，就可能深深刺傷對方。

從入殮工作累積大量悲傷輔導經驗的我，亦無處理這種深刻悲哀的知識。有些人開始出現失眠、食欲不振等憂鬱症狀。這不是我的專業，若是做了半吊子的建議，難保不會造成無法挽救的憾事。

考量自身立場，理解自己能做和不能做的事情，才不會造成對方的困擾；話雖如此，我也沒有遠離受苦人們的選項。

我認為這些人需要的是能我所不能的專業醫師。他們需要比悲傷輔導更進一步的紓緩治療，只能求助於有豐富專業經驗的醫師。

淪為孤身一人的高齡者，以及失去雙親的孩童最教人擔心。希望讓他們感到溫情，給予他們向前邁進的力量；話雖如此，並非溺愛，而是讓他們相信自己的潛力。我認為災區需要這種醫療。假如利用組合屋的一間休息室，能否成立某種集會呢？若是在那裡借助專業人士的力量，可行嗎？

「為了從地震發生那天奮戰至今、堅忍不拔的受災者，能否借助各位醫師的力量呢？請幫幫我們！」

透過各種管道，「緊緊相繫委員會」的上述請求獲得來自全國各地的熱情回應。由親身感受災民痛苦的我挑選出適合的委託者，不揣冒昧地請求協助。

最後，來自北海道、山形縣和關東地區等地的優秀醫師們前來支援，身穿便服參加定期於組合屋休息室舉行的「喝杯茶之會」，跟大夥兒輕鬆喝茶。

醫師們利用工作空檔，自行付費前來災區。不擺醫師架子，以自然的形式與災民溝通。那個溝通過程就成為一種治療，真不愧是醫師。

災民與我結下的緣，並未就此終結，而與專業人士有了串聯。我也希望這個活動今後也能持續下去。

・奶奶的魔法・

這是我剛開始投身大體修復義工時的事情。

我在災民家裡修復死於海嘯的女孩，家屬瞻仰遺體之後，奶奶向我招手。

「妳過來一下。」

我暗想該不是自己有什麼失誤，忐忑不安地跟著奶奶到了走廊。

「那個……」

奶奶一開口，我就將上半身傾過去。這時，奶奶伸出皺巴巴的小手握住我的雙手。

「妳這雙手，接下來會遭遇許多悲傷。奶奶施個讓妳能夠繼續加油的魔法。妳感到撐不下去時，就想起這魔法。我會一直替妳加油的。」

我也是凡人。連日面對艱困現實，著實痛苦萬分。精神也好，肉體也好，老實說都已瀕臨崩潰。

我的雙手麻痺，右手難以舉起。因為多半是從面對棺木的左側開始修復，身體重心不免歪曲。修復時也竭力不讓家屬發現我全身疼痛。

面對奶奶的溫柔，我拚命忍住淚水，說：

「謝謝您。可以請您對我的手再施一次魔法嗎？然後，我可以哭一會兒嗎？」

奶奶用那瘦小的身體擁抱我。我就像回到孩提時代，在溫暖舒適的懷抱中哭泣。

我哭了一陣之後，奶奶說道：

「好，妳去吧。下一個人還在等著，是吧？」

後記

「你是不是理所當然地認為大家明天也會活著呢？明天你們搞不好就不在這世上了啊。」

曾經有爺爺奶奶在入殮現場這麼問我。聽見那感慨萬千的話語，我們也不由得挺直腰桿。真的就是那樣，我們既不知明天會發生什麼，發生什麼也都不奇怪，這就是人生。

正因如此，人類擁有智慧。以前，送別故人的喪禮花費許多時間追念故人。然後，遺族在那漫長期間，慢慢適應少了故人的生活。

可是現在，喪禮期間變短，成了著重形式的儀式。

現代人生活忙碌，亦無時間接納寂寞，排憂解愁；可這麼一來，就錯失機會好好面對這個必然到來的死亡。而那些在悲傷中拚命思索的人，到頭來能夠守護他們的大人也就越來越少了。支援者必須有耐心，相信對方的心，相伴在旁。體驗過摯愛親人「死亡」的人，許多都能成為很好的支援者。直到遺族憑自己的力量重新站起來為止，我期盼能夠在旁守護他們的大人越來越多。

人類真的很堅強。正因為珍視亡者，大家必然都有重新站起來的一刻。

話雖如此，大可不必認為自己得趕快重新振作，行動如昔。花時間好好回憶彼此共度的時光，緬懷摯愛。然後，慢慢地、緩緩地適應新生活就好。

如此一來，更能體會出理所當然的生活瑣事，是多麼彌足珍貴。更進一步地說，亦能成為我們察覺「活著」這件事本身就是美好奇蹟的契機。

能夠吃飯的這種生活瑣事，能夠跟他人笑著見面的這種生活瑣事，接受幫助、接受支援，然後也能幫助他人、支援他人的這種生活瑣事，是何其感恩？何其幸福呢？期盼災民終能一邊感謝此事，一邊享受生命。那亦是讓失去摯愛的悲傷昇華的一種方法。

最後，本書付梓之際，深受白楊出版社編輯部齊藤尚美小姐的照顧。另外，在文章結構、編輯過程中亦獲得作家上阪徹先生的鼎力相助。容我在此對兩位致謝。

此外，支援大體修復義工和災區的各位，以及所有相關人士，在此獻上我最深的謝意，同時謹將本書獻給雲端上的罹難者及其家族。

本書若能為認真面對生命的人們略盡棉薄之力，吾願足矣。

二〇一二年六月　筆於北上事務所

笹原留似子

最後的笑顏

莎喲娜啦，讓我們笑著說再見

國家圖書館出版品預行編目（CIP）資料

最後的笑顏：莎喲娜啦，讓我們笑著說再見／
笹原留似子作；常純敏譯．
-- 初版．-- 臺北市：四塊玉文創，2015.03
面；　公分
ISBN 978-986-5661-25-0(平裝)
1. 殯葬業 2. 日本

489.66　　104001702

SAN YAU
http://www.ju-zi.com.tw
三友圖書
友直 友諒 友多聞

作者　笹原留似子
譯者　常純敏

發行人　程顯灝
總編輯　呂增娣
主編　李瓊絲、鍾若琦
執行編輯　程郁庭
編輯　許雅眉、鄭婷尹
美術總監　潘大智
特約美編　李盈儒
美編　劉旻旻、游騰緯、李怡君
行銷企劃　謝儀方、吳孟蓉

發行部　侯莉莉
財務部　呂惠玲
印務　許丁財

出版者　四塊玉文創有限公司

總代理　三友圖書有限公司
地址　106台北市安和路2段213號4樓
電話　(02) 2377-4155
傳真　(02) 2377-4355
E-mail　service@sanyau.com.tw
郵政劃撥　05844889 三友圖書有限公司

總經銷　大和書報圖書股份有限公司
地址　新北市新莊區五工五路2號
電話　(02) 8990-2588
傳真　(02) 2299-7900

製版印刷　皇城廣告印刷事業股份有限公司
初版　2015年3月
定價　新臺幣260元
ISBN　978-986-5661-25-0（平裝）